和营养师妈妈系统学
辅食添加与喂养

科学辅食课

苏蒂小骑/著

U0240104

北京科学技术出版社

图书在版编目（CIP）数据

科学辅食课 / 苏蒂小骑著. — 北京 : 北京科学技术出版社, 2021.4

ISBN 978-7-5714-1276-0

Ⅰ.①科…　Ⅱ.①苏…　Ⅲ.①婴幼儿－食谱　Ⅳ.①TS972.162

中国版本图书馆CIP数据核字（2020）第268740号

策划编辑：	潘海坤
责任编辑：	潘海坤
责任校对：	贾　荣
图文制作：	艺琳设计工作室
责任印制：	吕　越
出 版 人：	曾庆宇
出版发行：	北京科学技术出版社
社　　址：	北京西直门南大街16号
邮政编码：	100035
电　　话：	0086-10-66135495（总编室）　0086-10-66113227（发行部）
网　　址：	www.bkydw.cn
印　　刷：	北京宝隆世纪印刷有限公司
开　　本：	787mm×1092mm　1/16
字　　数：	260千字
印　　张：	16
版　　次：	2021年4月第1版
印　　次：	2021年4月第1次印刷

ISBN 978-7-5714-1276-0

定　　价：69.80元

自序

其实每个孩子都能好好吃饭

从出生到3岁，是宝宝生命早期的重要阶段。宝宝在此期间获得的饮食照料，对其体格和智力发育有着直接而关键的作用，甚至对宝宝成年后的健康也会产生深远的影响。

我是一名营养师，也是两个孩子的妈妈。在宝宝"吃饭"这件事儿上，我不禁要感叹：实在是太难了！宝宝的辅食要营养均衡、要花样翻新、要提防过敏，还要注重培养宝宝的进食兴趣和进食习惯……这对家长来说，可不是个轻松的任务。宝宝吃辅食之前，家长大多关心的是买什么辅食工具、囤什么米粉；宝宝开始吃辅食后，家长则关心宝宝的排便和进食量；宝宝稍微大一些，家长又开始头疼宝宝各种不爱吃饭的问题；等宝宝1岁多会说话以后，叛逆的小高峰没准又一次将宝宝推到了好好吃饭的对立面……这3年餐桌时光，轻松惬意的日子好像并不太多。

一些家长认为宝宝爱吃饭或不爱吃饭是天生的，事实并非如此。我见过不少对吃饭表现出浓厚兴趣的宝宝，因为家长的喂养不当慢慢变得不爱吃饭，也指导过许多"吃饭困难户"的家长，他们按照我的建议做出改变后，宝宝又大口吃饭了。我们总是习惯性地认为爱不爱吃饭是孩子的意愿，却忽略了家长对宝宝进餐行为的影响。

在普及婴幼儿科学喂养知识的这几年，我每天都会面对家长们提出的各种各样的喂养问题，也深深感受到家长对孩子吃饭问题的焦急和无奈，甚至有妈妈说："我愿意折寿10年换宝宝好好吃饭。"心疼感叹之余，我越来越意识到，除了提升做饭的技能，家长也要注意喂养方式与宝宝进餐习惯的培养。因为宝宝不好好吃饭而受到质疑和陷入自责的家长们，希望《科学辅食课》能为你们提供一些解决问题的新思路、新方法，在你们无助和迷茫的时候，给你们勇气与力量。

在书中我会尽可能详细地讲科学的喂养方法，分析宝宝不好好吃饭背后的原因，并提供一些改善的办法。但是，每个宝宝都是独特的个体，书中的方法不一定对你的宝宝有效，学会观察、理解、尊重、赞赏宝宝才是每个家长的必修课。

虽然喂养之路充满挑战，但是家长在看到孩子健康成长时的喜悦是无以言表的。对家长而言，除了宝宝，他可能再也不会如此用心地为一个人准备食物了，也不会被谁少吃几口饭而左右情绪；对于宝宝而言，纵然长大以后有机会吃遍山珍海味，可最惦记的还是家人亲手做的饭菜。从某种意义上说，宝宝在婴幼儿时期吃的食物会超越食物本身的价值，成为伴随他一生的饮食记忆。

为了表述与阅读方便，本书把喂养人统称为了"妈妈"。这本书的准备时间长达2年，其间我对每个知识点都进行了反复的推敲和修改，希望能为广大读者呈现最实用的内容。若仍有错漏之处，欢迎广大读者和同行指正。

　　感谢这么多年信任、支持我的朋友，是你们帮助我将科学喂养的种子散播到各地；感谢北京科学技术出版社的认可，最终将我的想法以文字的形式呈现；感谢所有参加试读的热心宝妈们提出的宝贵意见；感谢家人对我育儿工作的理解支持。

　　最后，要感谢我的两个孩子凯恩和贝恩，是你们让我找到了真正热爱的事业，成为了全新的自己。我也想把这本书送给你们，希望你们知道，在那些没能陪你们玩耍的日子里，妈妈做了更有意义和价值的事情，妈妈把积累的与喂养相关的经验方法变成这份礼物馈赠给你们。妈妈的爱会一直陪伴着你们。

苏蒂小骑

2021年2月

目 录

第 2 章　辅食用品这样选

第 3 章　辅食添加初期（7~8个月）

第 4 章　辅食添加中期（9～10个月）

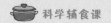

第 6 章　幼儿期的食物安排

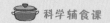

第 7 章　喂养难点个个击破

第 1 章

宝宝的生长发育需要哪些营养？

第1节 和宝宝生长发育相关的五大营养素

生长发育的基础：能量

能量是婴幼儿生长发育的基础。体内的新陈代谢、器官的运作，以及生长发育、维持体温、生病修复，甚至连睡觉都是需要能量的。如果婴幼儿从食物中摄取的能量不足，相当于汽车的油量不足影响汽车行驶速度一样，会严重影响婴幼儿的生长和发育。

1. 能量从哪里来？

人类不能像植物那样通过光合作用生产能量，只能依靠摄取食物来获得能量。食物中的蛋白质、脂肪、碳水化合物，被称为人体的三大产能营养素。表1.1说明了每克产能营养素能够提供的能量。

表1.1　每克产能营养素提供的能量

	蛋白质	脂肪	碳水化合物
能量/kcal	4	9	4

注：能量的计量单位有千卡（kcal）和千焦（kJ）两种。1千卡≈4.18千焦。

几乎每类食物都能为人体提供一定的能量（见表1.2），其中蔬菜和水果提供的能量相对较低，而谷物、肉蛋、乳制品提供的能量较高。谷物类食物含有丰富的碳水化合物，瘦肉类食物含有丰富的优质蛋白质，食用油含有大量脂肪……婴幼儿只要摄入比例合理、不同种类的食物，就能获得生长发育所需的能量。

表1.2 每100g常见食物的可食用部分可提供的能量

食物名	能量/kcal	食物名	能量/kcal	食物名	能量/kcal
母乳	65	猪肝	129	梨	50
鲜牛奶	54	鳕鱼	88	樱桃	46
鸡蛋	144	河虾	87	番茄	20
鸡脯肉	133	蛏子	40	大米	347
牛里脊	107	牛油果	161	面粉	349

2. 婴幼儿需要多少能量？

婴幼儿生长发育所需要的能量一部分从奶中获取，一部分则从辅食中获取。因此，无论是奶量摄入不足，还是辅食吃得不够，都会影响婴幼儿的生长发育。如果婴幼儿从辅食中获得的能量不足，就要考虑提高食物的浓稠度，增加高能量食物的比例，或者增加喂养次数。婴幼儿每千克体重一日所需的能量见表1.3。

表1.3 婴幼儿每千克体重一日所需的能量

年龄	能量/kcal	
	男孩	女孩
7~12个月	80	80
1~2岁	900	800
2~3岁	1100	1000

食物中的产能营养素：碳水化合物、蛋白质、脂类

● 最常见、最经济的能量来源——碳水化合物

碳水化合物是婴幼儿生长发育的主要能量来源。婴幼儿每日膳食中碳水化合物提供的能量占总能量的35%~50%，其广泛存在于粮谷、蔬果等植物性食物中。

粮谷类一般含碳水化合物60%~80%，是婴幼儿获得碳水化合物的最主要的食物来源；豆类和薯类一般含碳水化合物15%~40%，可以代替一部分主食为婴幼儿提供碳水化合物；水果和蔬菜含少量的碳水化合物；肉、蛋、水产类几乎不含碳水化合物。常见食物中的碳水化合物含量见表1.4。

7~12个月的宝宝每日需要碳水化合物约85g，1~3岁的宝宝每日需要碳水化合物约120g。

表1.4　每100g常见食物的可食用部分可提供的碳水化合物

食物名	碳水化合物/g	食物名	碳水化合物/g	食物名	碳水化合物/g
大米	77.4	红薯	24.7	苹果	13.5
小米	75.1	土豆	17.2	火龙果	13.9
面粉	73.6	胡萝卜	8.8	橙子	11.1
燕麦	66.9	南瓜	5.3	牛油果	7.4
绿豆	62	牛奶	3.4	西瓜	5.8

膳食纤维是一种特殊的碳水化合物，虽然不能被人体消化吸收，但是对维持肠道健康很有好处。

● 头等重要的必需营养素：蛋白质

蛋白质是正常生理活动不可或缺的营养素，是婴幼儿生长发育的"基础建材"。婴幼儿的肌肉、内脏、神经、骨骼、毛发的构成都离不开蛋白质，激素、抗体、酶类的主要构成成分也是蛋白质。

蛋白质的来源非常广泛，谷物含有7%~9%的蛋白质，豆类（尤其是大豆）含有36%~40%的蛋白质，蛋类含有11%~14%的蛋白质，肉类含有15%~20%的蛋白质，奶类含有3%的蛋白质，蔬菜、水果类含有蛋白质较少。常见食物中的蛋白质含量见表1.5。

表1.5　每100g常见食物的可食用部分可提供的蛋白质

食物名	蛋白质/g	食物名	蛋白质/g	食物名	蛋白质/g
大米	7.4	鸡蛋	13.3	菠菜	2.6
绿豆	21.6	鸡脯肉	19.4	香蕉	1.4
豆腐	8.1	牛里脊	22.2	番茄	0.9
牛奶	3.0	河虾	16.4	苹果	0.2
奶酪	25.7	带鱼	17.7	西瓜	0.6

对于婴幼儿来说，每日摄入的蛋白质并不是越多越好，需要控制在适宜范围。摄入过多容易引起肥胖，也会带来远期的健康风险；摄入不足，会影响体重增加和正常的生长发育。

7~12个月的宝宝每天推荐摄入蛋白质20g，1~3岁的宝宝每天推荐摄入蛋白质25g。

延伸阅读

蛋白质的吸收利用率

不同食物来源的蛋白质，人体的吸收利用率不尽相同：动物性蛋白质和大豆蛋白质吸收利用率高，而其他植物性蛋白质吸收利用率较低。因此，在婴幼儿的日常饮食中，优质蛋白质应该达到一半以上。多种类型的食物搭配着吃，可以达到蛋白质互补的作用，提高其利用率。

● 能量的重要来源：脂类

脂类能为机体提供所需的能量、必需脂肪酸，构成人体的细胞组织。脂类包括脂肪、磷脂和固醇，其中脂肪是主要的供能物质。

脂肪是大家最熟悉的一种脂类，它由甘油和脂肪酸（包括饱和脂肪酸、单不饱和脂肪酸和多不饱和脂肪酸）构成。不饱和脂肪酸亚油酸和 α-亚麻酸只能从食物中摄取，因而被称为"必需脂肪酸"。有一类脂肪酸不太健康，常隐藏于起酥油、代可可脂等材料中，叫作"反式脂肪酸"。脂肪对宝宝的生长发育尤为重要。1g脂肪可以产生9kcal能量，是蛋白质和碳水化合物的2倍多。此外，脂肪有特殊香气，脂肪含量高的食物拥有更好的风味和口感，可以增进宝宝的食欲，但是摄入太多也容易引起肥胖。

食物中的脂肪主要来源于食用油、奶类、蛋类、肉类、坚果和种子。需要警惕的是，饼干、薯片等零食中也含有大量脂肪。常见食物中的脂肪含量见表1.6。

表1.6　每100g常见食物的可食用部分可提供的脂肪

食物名	脂肪/g	食物名	脂肪/g	食物名	脂肪/g
大豆油	99.9	蛋黄	28.2	小麦胚芽粉	10.1
奶油	97	干酪	23.5	燕麦片	6.7
松子仁	70.6	干张	16	榴莲	3.3
黑芝麻	46	牛油果	15.3	玉米面	3.3
五花肉	35.3	鸡翅	11.8	牛里脊	0.9

7~12个月的宝宝，每日脂肪提供的能量约占全天总能量的40%；1~3岁的宝宝，脂肪提供的能量约占全天总能量的35%。

维持人体功能不可缺少的维生素

维生素是维持儿童生长以及正常生理调节所必需的营养素，任何一种维生素的缺乏，都会引发疾病。表1.7是常见维生素的生理功能总结表。

表1.7 常见维生素的生理功能

名称	类别	主要生理功能
维生素A	脂溶	(1)维持宝宝的正常视力,尤其是暗环境中的视力 (2)与维生素D及钙等营养素共同维持骨骼、牙齿的生长发育 (3)因参与淋巴细胞和上皮细胞的生长和分化,因而对皮肤、鼻、咽喉、呼吸器官的内膜,消化系统及泌尿生殖道上皮组织的健康有重要保护作用
维生素D	脂溶	调节钙、磷的代谢,促进人体肠道内对钙和磷的吸收,促进骨质钙化和生长,是婴幼儿骨骼健康的"神助攻"
维生素B_1	水溶	与宝宝的能量代谢密切相关,能促进肠道蠕动、增进食欲。严重缺乏维生素B_1,宝宝会患上神经性疾病(如"婴儿脚气病")
维生素B_2	水溶	参与生物体内氧化与能量代谢。缺乏维生素B_2会导致宝宝嘴角、眼角、舌头等黏膜部位肿胀发炎,容易出现口臭、睡眠不佳等问题
维生素B_6	水溶	维生素B_6是多种酶的辅酶,与人体中多种酶类的代谢相关。缺乏维生素B_6,宝宝会出现脂溢性皮炎、贫血、生长发育迟缓等问题
维生素B_{12}	水溶	(1)参与制造骨髓红细胞,防止恶性贫血 (2)以辅酶的形式存在,可以增加叶酸的利用率,促进碳水化合物、脂肪和蛋白质的代谢 (3)维护神经系统健康
叶酸	水溶	与宝宝体内蛋白质的代谢(包括DNA的合成)相关,参与血红蛋白的合成。宝宝缺乏叶酸,会引发巨幼红细胞贫血
维生素C	水溶	(1)促进抗体合成、提高宝宝的免疫力 (2)促进食物中铁的吸收 (3)抗氧化,保护身体细胞免受自由基的损害 (4)促进胶原蛋白的合成

每日正常合理的饮食,就能摄入充足的维生素了,不必额外补充,比如宝宝每天摄入一定量的鸡蛋和奶类,多吃橙色、深绿色的蔬菜水果,少量吃些肝脏就能摄入充足的维生素A。不同维生素常见的食物来源如表1.8所示。

有些妈妈会觉得营养嘛,当然是"多多益善"了,除了食补,还会给孩子吃各种各样的营养增补剂。维生素固然对宝宝生长重要,但是也不能过量摄入,尤其是脂溶性维生素。脂溶性维生素可以在人体内积聚,过量可能会让宝宝发生中毒反应。

表1.8　常见维生素的食物来源

名称	食物来源
维生素A	（1）动物肝脏含量最高，其次是蛋黄和奶类 （2）植物性食物中不含维生素A，但是富含胡萝卜素。胡萝卜素可以在体内转化为维生素A。橙色、黄色、红色的水果以及深绿色的蔬菜都富含胡萝卜素 注意：肝脏虽然富含维生素A，但是胆固醇和污染物含量也比较高，不建议大量、经常给宝宝吃，每次最好不超过20g
维生素D	鱼肝油、动物肝脏、富含油脂的鱼类、蛋黄、全脂奶、奶酪、强化了维生素D的牛奶和配方奶粉 注意：维生素D可以通过太阳光照射皮肤合成，应该保证宝宝每天有充足的户外活动时间
维生素B_1	全谷物、坚果、豆类中维生素B_1含量最丰富，瘦肉、内脏、蛋类中也较多 注意：加工越精细的谷物，B族维生素含量越低。淘米时过度漂洗、制作面食或煮粥时加碱、用煎炸方式烹调，都会使维生素B_1损失
维生素B_2	维生素B_2主要存在于奶类、蛋黄和动物肝脏中。每天给宝宝吃1个蛋黄、喝够奶、少量吃些肝脏是补充维生素B_2的好方法
维生素B_6	维生素B_6主要存在于肝脏、禽肉、鱼肉、蛋黄、豆类、菠菜等食物中，一般情况下不易缺乏
维生素B_{12}	维生素B_{12}主要存在于动物性食品当中，发酵食品和菌藻食品也能供应一部分维生素B_{12}，但是植物性食物中的维生素B_{12}吸收利用率很低
叶酸	豆类、绿叶蔬菜含有丰富的叶酸，水果中也含有少量叶酸
维生素C	新鲜的蔬菜水果 注意：维生素C在高温、空气、金属离子等环境中容易氧化，因此蔬菜不要过度烹调，多用蒸煮或快炒的方式。水果建议直接吃，不要打汁

维持人体功能不可缺少的矿物质

矿物质是构成人体组织和维持正常生理功能必需的各种元素的总称。在人体内，矿物质的含量虽然少，但有的矿物质是构成机体组织必需的原料，有的与维持酶和激素活性密切相关，是宝宝生长发育必不可少的一类营养素。表1.9是常见矿物质的生理功能总结表。表1.10是常见矿物质的食物来源。

表1.9　常见矿物质的生理功能

名称	主要生理功能
钙	是构成牙齿和骨骼的重要成分,与婴幼儿身高增长密切相关。与维持神经和肌肉的活动以及体内多种酶的调节有关
钠	维持细胞渗透压的平衡、体液的酸碱平衡、神经肌肉的兴奋度
钾	维持体内的电解质平衡和心肌正常功能。大量出汗、呕吐、腹泻等急剧丧失水分的情况下,宝宝可能会缺钾,表现出手脚无力、精神萎靡、消化紊乱等现象
铁	血红蛋白的重要组成成分,血红蛋白负责运输氧气 *注意:宝宝很容易缺铁,添加辅食时正是从母体中带来的铁消耗殆尽的阶段,需要通过食物及时补充*
锌	锌是体内多种酶的辅酶,对维持正常免疫力、激素分泌、味觉发育等功能有重要作用。宝宝缺锌可能会导致身材矮小、性器官发育障碍、味觉偏差,甚至异食癖、食欲和消化能力变差、免疫力低易生病等问题。在宝宝发生腹泻时易导致锌缺乏
碘	碘是甲状腺素合成的材料,如果宝宝缺碘,会影响甲状腺素的分泌,继而影响宝宝的新陈代谢和生长发育

表1.10　常见矿物质的食物来源

名称	食物来源
钙	奶类是钙的最佳来源,经济且吸收利用率高。7~12个月的宝宝每天喝600mL奶、1~3岁的宝宝每天喝350~500mL奶,再加食物中的钙,就不容易缺钙了。绿色蔬菜、豆类和豆制品的钙含量也很丰富
钠	几乎所有天然食物都含有钠,包括奶类、蛋类、水产和蔬菜等。钠是食盐的主要成分。宝宝不必担心缺钠,而要担心钠过量 *注意:过多的钠摄入会增加宝宝肾脏的负担,还与高血压的形成有关。因此,1岁前的辅食不建议加盐调味,1~2岁每天吃盐不超过1.5g,2~3岁每天吃盐不超过2g*
钾	钾广泛存在于天然食物中,最好的来源是豆类、薯类、蔬菜、水果等食物
铁	动物肝脏、血制品、红色的肉类如猪肉、牛肉。铁强化米粉也是铁的重要来源
锌	锌主要来源于动物性食物,如贝类、蛋类、瘦肉、肝脏、鱼类等
碘	碘主要来源于和海洋关系密切的食物,如海鱼、海藻等。每周应该给宝宝吃2~3次富含碘的食物

延伸阅读

微量元素检测真的能反映宝宝的营养状况吗？

未必！

首先，微量元素检测结果很容易受宝宝最近一段时间饮食和生病情况的影响，一次检测结果并不能反映宝宝长期的营养状况，更不能以此作为补充微量营养素的依据。

其次，微量元素检测通常是采集指尖血、耳垂血或检测头发。由于微量元素分散在人体各处，从血液和头发中测得的数值只是一小部分。比如98%的氟分布在骨骼里，65%的锌分布在肌肉里，37%的碘存在于甲状腺里……所以检测数据较难反映营养素分布的整体情况。

2013年国家卫生计生委办公厅发出通知，若非诊断治疗需要，医疗机构不得针对儿童开展微量元素检测。也就是说，常规体检中的微量元素检测都是没有必要进行的。

那什么时候需要带宝宝检测微量元素呢？当宝宝出现反复腹泻、呼吸道反复感染、食欲差、严重厌食、伤口感染难愈合，以及身长发育明显落后，且通过饮食调理依然没有改善时，建议结合微量元素检查结果综合评估。

第2节 宝宝必需的几大类食物

谷薯类食物：饮食中的"扛把子"

谷薯类食物被称为"主食"，含有大量碳水化合物，婴幼儿每天所需要的能量有一半都是来自碳水化合物，所以把谷薯类食物称为营养界的"扛把子"。有些烹调方式会增加其本身的营养价值，有些烹调方式则会使它失去营养价值。

包子、发糕、发面饼等发酵类主食，在经过酵母发酵后，不仅提高了B族维生素和蛋白质的含量，还能提高铁、锌等矿物质的吸收率，口感蓬松柔软，很适合给宝宝食用。

如果把谷薯类食物做成凉皮、粉丝等食物，虽然还是主食，但其中的蛋白质、矿物质和维生素在加工中几乎都被去除了，只留下了淀粉，营养价值比较低，不建议经常给宝宝做。淀粉非常容易吸油，很受欢迎的油炸类主食如油条、手抓饼、飞饼、榴莲酥、炸薯饼中含有大量油脂，不适合经常给宝宝吃。

精白米面在精加工的过程中损失了很多珍贵的营养素，尤其是B族维生素，所以在给宝宝做饭时，精细加工的谷类要搭配粗加工的全谷豆类才能营养均衡（搭配比例5：1~4：1即可）。

● 精白米面可以搭配小米、燕麦片、糙米、全麦粉，以及淀粉含量高的杂豆比如红豆、绿豆、花芸豆等一起制作。

● 土豆、红薯、紫薯、芋头等薯类除了含有较多的淀粉，还含有丰富的钾和维生素C等营养成分，可以代替一部分主食食用。

● 谷类中的赖氨酸的含量普遍较低，适合与赖氨酸含量丰富的豆类、肉类、奶类、蛋类相互搭配着吃，蛋白质互补会使营养价值更高。

蔬菜类、水果类食物：提供丰富的维生素和矿物质

新鲜的蔬菜水果能为人体提供每日必需的维生素、矿物质、膳食纤维、植物化合物、有机酸、芳香物等。

1. 蔬菜的价值和种类

蔬菜含有丰富的维生素C、胡萝卜素、叶酸、钾、膳食纤维，维生素B_2、铁、钙、镁的含量也比较丰富。

蔬菜的种类很多，但营养价值并不相同。深绿色蔬菜如菠菜、绿苋菜、小白菜、西蓝花，红黄色的蔬菜如南瓜、胡萝卜、番茄，紫色蔬菜如紫甘蓝等要比浅色的蔬菜营养价值更高。

菠菜、竹笋、苋菜等蔬菜含有较多的草酸，直接烹调食用会有苦涩感，可以先在沸水中焯烫，去除一部分草酸再进行下一步烹调。所有的蔬菜都可以交替添加在婴幼儿的食物里，这也会使婴幼儿的营养摄入更全面。

2. 水果的价值和选择

水果富含维生素C、钾、镁和膳食纤维（纤维素、半纤维素和果胶），所含的糖分、有机酸（比如苹果里的苹果酸，葡萄里的酒石酸）比蔬菜要高，酸甜清香的味道也更容易讨宝宝喜欢，所以大部分宝宝喜爱水果胜过蔬菜。蔬菜、水果不能相互替代。水果糖分高，味道好，宝宝吃起来难以控制量，吃多了也会引起发胖。尤其是牛油果、榴莲等水果的脂肪含量较高，要控制宝宝的食用量；不成熟的猕猴桃、菠萝、木瓜中含有较多蛋白酶，宝宝吃起来会有扎嘴的感觉，甚至使嘴巴变红，要注意食用自然熟软的水果。日常尽量选择新鲜、应季的水果，多品种搭配才能保证营养素的全面。

水果脱水后可以做成水果干，如香蕉干、葡萄干、红枣干、苹果干等。

不加糖的果干可以作为幼儿健康零食的一种，但是水果干浓缩以后含糖量较高，也要适量给宝宝吃。水果榨汁会造成多种营养素的损失，喜欢喝果汁的宝宝更容易发生肥胖及贫血。美国儿科学会建议：不要给1岁以下的宝宝提供果汁，1～3岁的幼儿每天最多饮用果汁量为120mL，尽量给婴幼儿食用完整的水果。

肉、蛋、水产类和豆类食物：优质蛋白质的主要来源

1. 肉类的营养价值

肉类在广义上包括畜肉和禽肉的肌肉、内脏和血液，一般我们所说的肉指的是肌肉部分。肉类含有15%～20%的优质蛋白质，脂肪含量根据部位不同而有所变化。

畜肉和禽肉中含有丰富的B族维生素，肝脏和血液是铁的良好来源。颜色越红的肉，铁含量通常越高。为了防止宝宝缺铁性贫血，应该将富含铁的食物如红肉、肝脏尽早加入宝宝的辅食中，动物肝脏一般都含有较高的维生素A，一次不要给宝宝吃太多。

2. 蛋类的营养价值

一个鸡蛋大约由2/3的蛋清和1/3的蛋黄组成。鸡蛋的生物利用率非常高，非常适合宝宝食用。传统观念认为蛋黄可以帮助宝宝补铁，鸡蛋的铁含量虽然不低，但是它的吸收率只有肉类铁的8%～10%，并不是补铁的好食材。蛋黄含有丰富的脂肪、蛋白质、维生素A、维生素B$_1$、磷等营养素，还含有微量的DHA，对鸡蛋不过敏的宝宝建议每天吃一个蛋黄或鸡蛋。

3. 水产类的营养价值

水产类也含有15%～20%的优质蛋白质。由于鱼虾的肉质更细腻、脂肪多以不饱和脂肪为主，对宝宝来说咀嚼和消化的难度比肉类小一些。

俗话说吃鱼的孩子聪明，这话有些道理。鱼肉中含有少量DHA和牛磺酸，对宝宝的大脑和视力发育都有很大的益处。但由于水产类会富集水中的污染物，所以给宝宝吃鱼应该选择处于食物链低层的。对于刚添加鱼作为辅食的宝

宝来说，少刺的鱼如三文鱼、带鱼、鲈鱼等都是不错的选择，而鲨鱼、旗鱼、方头鱼等大型鱼则不建议给宝宝吃。壳类海产品如牡蛎、扇贝、鲱鱼等含有丰富的锌，是宝宝补锌的绝佳选择。

4. 豆类食物

除了动物性食物，豆制品也能提供优质蛋白质。豆类中的氨基酸几乎能满足人体的需求，是膳食中蛋白质的良好来源。豆制品包括豆腐、豆浆、豆腐皮、腐竹等。石膏豆腐和卤水豆腐不仅含有较高的蛋白质，钙含量也可以和奶类媲美。进一步去除水分后制作成的豆腐干、千张等食物中钙的含量更高。内脂豆腐虽然也叫"豆腐"，但营养成分就逊色多了，日本豆腐里面则完全没有大豆成分。

注意，豆类中含有低聚糖，如果宝宝吃后出现肚子胀不舒服的情况，要注意减少食用量。

乳制品：补钙"一把手"

如果对人类来说有堪称完美的食物，那一定就是母乳了。母乳可以为前6个月的宝宝提供生长发育所需的全部营养，包括水分。在无法进行母乳或者母乳不足时，配方奶粉也可以满足宝宝的生长。添加辅食后，宝宝的喝奶量虽然逐渐减少，但奶类仍在一天的食物中扮演着重要角色，是蛋白质、B族维生素和钙的重要来源。奶类中的钙磷比例非常适合宝宝吸收，是补钙当仁不让的"一把手"。

除了母乳和配方奶粉，酸奶、奶酪、纯牛奶都是优质乳制品，可以逐步添加到宝宝的辅食中。

用五筐搭配法,轻松搞定食物多样化

通过前面的内容,我们已经对宝宝必需的几大类食物有了初步了解。蔬菜和水果是维生素、矿物质、膳食纤维的重要来源;奶类和大豆类富含钙、优质蛋白质和B族维生素;谷物可以提供大量碳水化合物;鸡蛋和瘦肉可以提供优质蛋白质、维生素A、B族维生素,等等。

每类食物都能为宝宝的成长提供多种营养素,但是没有一种食物或一类食物可以满足身体全部的营养需求。想要营养全面,摄入的食物就要多样化。《中国居民膳食指南2016版》建议成人平均每天摄入超过12种食物,每周摄入超过25种食物。和成人相比,宝宝正处在生长发育的关键阶段,对营养均衡的要求更高。同时,宝宝的口味也在培养的过程中,接触不同的食物,感受不同的质地也是辅食添加的重要内容。

很多妈妈都知道食物多样化的好处,但又觉得很难实现。其实食物多样化一点都不难,"五筐搭配法"是我为家长们设计的食物搭配法则,可以把食物多样化更形象化地落实。

1. 什么是五筐搭配法?

大家可以假想面前有5个菜筐,分别装了蔬菜类、谷薯类、肉蛋水产豆制品类、水果类、奶类。如果一天想要摄入10种不同种类的食物,就可以分别从上述五个筐里按4、2、2、1、1的比例挑选;如果一天想要摄入15种不同种类的食物,就可以分别从上述5个筐里按5、4、3、2、1的比例挑选。如果精力允许,还可以增加更多种。

蔬菜类　　　　　　　　谷薯类　　　　　　　　肉蛋类

水果类　　　　　　　　奶类

以我的孩子贝恩13个月时的一天辅食为例，方便大家了解食物搭配。

早餐：共计8种食物

燕麦粥：谷薯类2种（大米、燕麦）

鸡蛋黄：肉蛋类1种

黄瓜、茄子、炒生菜：蔬菜类3种

馒头：谷薯类1种（面粉）

苹果：水果类1种

午餐：共计6种食物

白米饭：谷薯类1种

胡萝卜、白萝卜：蔬菜类2种

猪肉丸：肉蛋类1种

炒青菜：蔬菜类1种

芒果：水果类1种。

晚餐：共计8种食物

白菜蘑菇虾仁炒蝴蝶面：谷薯类1种（面粉）、蔬菜类2种（白菜、蘑菇）、肉蛋类1种（虾仁）

豆腐：肉蛋类1种

黄瓜：蔬菜类1种

鳕鱼：肉蛋类1种

蓝莓：水果类1种

加餐：共计2种食物

纯牛奶：奶类1种

面条：谷薯类1种

最后统计一天摄入食物种类的时候要减去各餐的重复食物（比如馒头和面条都是面粉制成的）。大家有没有发现，一天吃20种食物也没那么难。

有些家长这时候会说："平时工作很忙，哪有时间做这么多食物。"其实只要计划安排得当，准备这些真的不会花很多时间。我拿早餐给大家说明一下：燕麦粥是前一天晚上把大米和燕麦放入电饭锅中预约好的；馒头是之前做好冷冻的，早上取出来跟鸡蛋一起蒸熟就好了。黄瓜、茄子也是跟鸡蛋和馒头一起蒸软的，只不过蒸的时间短了一些。炒生菜其实就是大人吃的炒生菜，取出来一部分剁碎点给孩子吃。苹果切一下就可以了。所以早上真正要动手的工作就是（1）把馒头、鸡蛋、黄瓜、茄子一锅蒸熟；（2）炒生菜；（3）切苹果。这些准备时间全部加起来不超过20分钟。

如果觉得准备多种单一的食物太麻烦，也可以在一道辅食里混搭多种食物，这样宝宝每吃一口辅食都能吃进去好几种食物。面饼、粥、面条、炒饭都能轻松实现一道辅食中包括多种食物，具体的混搭方法和食谱，大家可以通过阅读后面的内容了解。

2. 食物多样化不是花样化

食物种类丰富叫做多样化,而仅改变食物的形态和烹调方式就不叫多样化了,而叫做花样化。中国传统饮食文化博大精深,一种食物可以拓展出许多做法。一袋面粉可以做成包子皮、馒头、发糕、花卷、面包、饺子皮、面条、馄饨皮……但是吃这些辅食只能算吃一种食物。同样,一颗鸡蛋可以做成蛋卷、蛋羹、煎蛋、荷包蛋、炒蛋、布丁……但是吃这些辅食也只能算吃一种食物。相信许多妈妈为了追求"花样",都有种精疲力竭的感觉。因为"花样"是无穷无尽的,没有学完的时候。如果花费了大量时间,宝宝却不吃,必然会带给妈妈强烈的挫败感,甚至会迁怒于宝宝。所以做辅食要先保证"食物多样",再考虑"花样"。

3. 食物多样化不等于浪费

很多家长为了让宝宝每天摄入的食物多样化,每天都准备很多食材,吃不完的就扔掉,其实大可不必。不同种类的食物可以这样准备。

主食类:多采购几种杂粮,用密封罐装起来,煮粥、煮饭的时候和大米一起混合着煮。另外可以在家里准备一些耐储藏的薯类,比如红薯、紫薯,一周补充一次就可以了。

蔬菜:多准备一些耐储藏的蔬菜,比如根茎类的蔬菜,如胡萝卜、山药、土豆,吃一段,剩下的装进保鲜袋,第二天把暴露在外面的切掉一点,还可以再吃一次。洋葱、卷心菜也不会很快就坏。容易打蔫的蔬菜可以洗干净放到保鲜袋里,裹上纸巾冷藏保存。准备一些干制的蔬菜也不错,比如干香菇和紫菜都可以储存很长时间。

肉、蛋、水产类:鸡蛋在冰箱里可以储存很久。生的红肉可以剁碎了或者做熟冷冻起来。鱼虾可以周末采购,分成小份冷冻,吃的时候拿出来做熟就可以了。

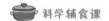

正确看待宝宝的生长发育

了解生长曲线图

不少家长常常有这样的困扰："我的宝宝没别人家的宝宝长得胖，该怎么办呢？""宝宝好久没长肉了，是不是不正常？"每位妈妈都会为宝宝瘦小、体格不达标而着急，但是有的孩子就是天生瘦小，虽然怎么喂都比不上别人家的宝宝，但他们的生长发育也是正常的，所以不能盲目比较。如果学会用科学客观的工具"生长曲线"来分析宝宝的体格发育数据，就能对生长发育情况了然于胸啦。

1. 最常见的生长曲线图

目前推荐大家使用的生长曲线工具是世界卫生组织在2006年发布的生长曲线图，它是采集群体数据后制作的，适用于全世界的宝宝。每个宝宝都会有属于自己的发育规律，同月龄的宝宝身高、体重也会存在差异。只要沿着曲线的轨道稳定增长就说明生长发育情况正常，即使没有别的宝宝高、没有别的宝宝胖，也不等于长得不好。

最常见的生长曲线图有以下两种类型：

● 百分位曲线图

怎样才能知道宝宝在同龄人中的生长水平呢？先在横坐标找到宝宝的月龄，再在纵坐标里找到宝宝的体重或身高，交叉点就是宝宝所处的水平。宝宝的体重在生长曲线的3%～97%之间，都处于正常范围。图1.1是0～5岁女宝宝的体重百分位曲线图。

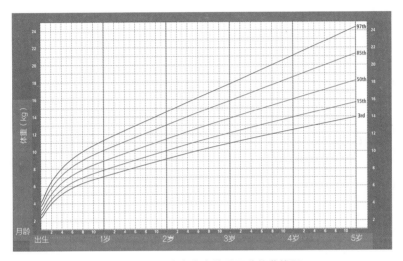

图1.1 0～5岁女宝宝体重百分位曲线图

● Z评分曲线图

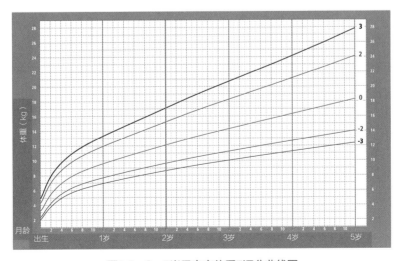

图1.2 0～5岁男宝宝体重Z评分曲线图

Z评分曲线图是用来判断宝宝偏离同龄人的平均身高、平均体重有多远。例如，图中1岁半的女宝宝身长83cm，比标准值高出1个标准差。宝宝的身高体重在+2~-2之间都是正常的，Z评分的绝对值越小（接近0），说明宝宝的生长状况越接近平均水平，Z评分的绝对值越大，家长就越要关注宝宝目前的喂养是否合理。

注：早产宝宝应该使用专属的生长曲线图。

2. 如何给宝宝进行体格测量？

宝宝的身高和体重可以反应出宝宝的体格发育情况和营养摄入的情况。体重的变化可以反映近期的营养摄入情况；身高/身长的变化相对较慢，可以反映出较长时间的营养摄入情况。因此，可以定期给宝宝测量身高、体重，及时调整喂养方式。

主要的体格测量项目有：身高、体重、头围等。最能直观反映宝宝喂养情况的就是身高和体重。不同年龄宝宝的体格测量频率见表1.11。

表1.11　不同年龄宝宝的体格测量频率

年龄	测量频率
7~12个月	建议每月测量一次
1~2岁	建议每2个月测量一次
2~3岁	建议每3个月测量一次

宝宝生病后的监测频率应该加倍。比如8个月的宝宝生病后，应该至少每两周测量一次，以便及时掌握恢复情况。

3. 如何记录测量数据？

方法1：手绘。获得相关数据后，在纸质的生长曲线图上找到对应的点，连成曲线。

方法2：软件。很多App中都有自动绘制生长曲线的功能。填好相关数据，就能查看曲线的走势。

**妈咪问，
苏蒂答**

Q: 宝宝很瘦，吃得也不多，该怎么办呢？

A: 宝宝吃得少确实会令妈妈焦虑，但每个宝宝需要的食物量是不同的。判断宝宝获得的食物是否充足，不能通过家长的猜想或与别的宝宝作对比，而要看宝宝生长曲线的情况。如果宝宝的体重在3%~97%区间内，且发育趋势基本沿着某个百分比线稳定地向上，身体健康，活泼开朗，那这种曲线也正常，说明宝宝获得的食物是充足的。如果一味为了达到家长满意的饭量而强迫宝宝吃饭，他们可能会逐渐厌恶食物。

Q: 宝宝每次体检都不达标，该怎么办？

A: 生长曲线只能作为喂养依据中最基础的一项，百分位只代表宝宝在队列中所处的位置，50%线并不是"达标线"或"健康线"，仅代表婴幼儿生长发育的"平均"状态。所以，必然有一些宝宝在平均水平以上、有一些宝宝在平均水平以下。如果低于平均水平都算"不达标"，那比例简直太可怕了。千万不要盲信别人的评断。

Q: 宝宝1岁后看着越来越瘦了，是喂养出现问题了吗？

A: 宝宝的体格发育速度在1岁以后减缓是必然趋势。宝宝出生的第一年平均可以长6kg左右，到第二年平均只能长2.5kg了，这个增长速度不是匀速的。如果宝宝一直按照第一年的速度长，到成年一定会变成一个"巨无霸"！另外，由于宝宝的身材比例也在发生变化，不再是一开始的"大头短身"了，因此可能看上去变瘦了。此时不应该用肉眼判断，应该持续监测宝宝的生长状况，再下结论。如果真的有喂养问题，应该及时向医生求助。

Q: 宝宝的体重半个月都没变化，正常吗？

A: 宝宝的体格增长并不是匀速的，有些宝宝会呈现突发性的生长，即突然增加一下、接下来的一段时间又没有太大变化。只要按照推荐的频率测量即可，

过于频繁的测量是没有必要的。宝宝即使有一小段时间体重没有增长也不要急，曲线出现小幅度的上下波动是正常的，只要总体趋势稳定向上就好了。另外提醒家长，不要只看宝宝的体重而忽略了身高，侧重长身高的阶段时，宝宝体重增加得会比之前慢。应该将两者结合起来再判断宝宝的发育情况。

Q: 什么样的生长曲线需要特别关注?

A: 当宝宝的生长曲线处于正常区间之外（低于3%或高于97%），建议请医生评估宝宝的生长情况。当宝宝的生长曲线呈现陡坡上扬或下降（比如从30%快速增长到60%），则需要警惕最近的喂养是否过度或不足。当宝宝的曲线有较长时间出现停滞甚至下降（比如7~12个月的宝宝连续3个月体重没有增加），需要评估最近的进食和生病情况。

了解宝宝的生长发育趋势

1. 体格的发育

表1.12是宝宝在不同月龄区间身高和体重平均的每月增幅随着年龄的增长，宝宝身高、体重的增幅会越来越小。新生儿几乎每天都能掂量出体重的变化，一岁之后的幼儿就很难发现明显的增高与增重了。1岁后，身高的增长幅度比体重的增长幅度大，所以一岁前肉嘟嘟的宝宝，1岁后看起来会变瘦，俗称"抽条"。

表1.12　宝宝的身高和体重在不同阶段的每月平均增幅

月龄区间	男孩		女孩	
	身高增幅/cm	体重增幅/g	身高增幅/cm	体重增幅/g
6~7个月	1.5	336	1.5	325
8~9个月	1.35	272	1.35	258
10~11个月	1.25	241	1.25	229
12~13个月	1.15	218	1.2	219

月龄区间	男孩		女孩	
	身高增幅/cm	体重增幅/g	身高增幅/cm	体重增幅/g
14~15个月	1.05	200	1.1	208
16~17个月	1.0	200	1.05	208
18~19个月	0.95	196	1.0	203
20~21个月	0.9	191	0.95	196
22~23个月	0.85	188	0.9	183
24~25个月	0.85	150	0.85	200
26~27个月	0.8	200	0.85	200
28~29个月	0.75	200	0.8	200
30~31个月	0.75	200	0.75	200
32~33个月	0.75	150	0.7	200
34~35个月	0.7	150	0.75	200

2. 消化功能的发育

● 对各类食物的消化

碳水化合物的消化从口腔开始。小宝宝的口腔容积小，唾液中唾液淀粉酶也少，唾液腺分泌的淀粉酶处理碳水化合物的能力要到4个月左右才发育较完善。而胰腺分泌的淀粉酶处理碳水化合物的能力要到6个月左右才发育较完善。所以，4个月之前不宜给宝宝喂米糊等含淀粉的食物。

4个月之后，宝宝对淀粉和蛋白质的消化能力接近成人的水平，但是这时候宝宝的胃肠功能还不够健全，肠道的通透性比较高，一些大分子蛋白质会从"缝隙"中进入血液，引起过敏反应。

宝宝消化脂类的能力发展最慢，大约到6个月才能较好地消化乳类以外食物中的脂肪。

● **胃的特点**

宝宝的胃和成人的胃不同，如果成人的胃像一个盖紧盖子的大矿泉水瓶，那么宝宝的胃就像一个没盖紧而且斜放着的小矿泉水瓶，遇到运动、挤压或咳嗽时很容易发生吐奶、漾奶或反流。同时，宝宝的胃尚未成熟，胃酸浓度较低，杀菌能力差，要特别注意食物的安全与卫生。

宝宝的胃容量会随着宝宝的成长而增大，6个月时约200～250ml，9个月时约250～300mL，1岁时约280～320mL。

3. 进食技能的发展

开始添加辅食后，宝宝的进食能力会逐步增强。进食能力包括咀嚼食物的能力、用舌头翻拌卷送食物的能力、咀嚼吞咽的协调性、对食物和餐具的操控能力等。通过为宝宝提供适合当前月龄的食物，以及自由选择食物的机会，可以帮助他们逐渐掌握这些技能。宝宝在不同年龄表现出的进食技能见表1.13。

表1.13　宝宝在不同年龄表现出的进食技能

年龄	表现出的进食技能
6个月	当勺子接近嘴时，宝宝会有意识地张开嘴，能用舌头将糊状食物推送到口腔后部并吞咽；能伸出舌头到口腔外；能吸吮吸管但容易被呛到；偶尔出现上下咬的动作
7个月	在餐椅里能独立坐稳；能顺利用嘴唇取下勺子上的食物，并用舌头压烂粗糙的泥糊；会出现咂嘴、撅嘴的进食动作；会抢夺靠近自己的餐具、拍打面前的食物；当别处有其他声音时，宝宝会转头寻找
8个月	能用拇指和手掌相对握起食物，并偶尔将手指食物递送到嘴里；能用舌头和上颚碾压柔软的食物并吞咽；能处理一部分碎末状的食物；能在餐桌上自由转动身体；会用扭头、后仰等动作表示拒绝食物
9个月	偶尔出现单侧咀嚼动作；能顺利吃手指食物；能顺利将食物从一只手传到另一只手；喜欢啃咬完整且有硬度的食物如苹果；不想要手里的食物时会松手
10个月	偶尔能用勺子舀起食物并递送到嘴里；能用拇指和食指相对捏起食物；能适应进食小粒状的食物；能使用碗和杯子喝液体而不易呛到；对于想要的食物能用手明确指出；在餐椅里能自由转动上半身，并且经常想从餐椅里挣脱出来

续表

年龄	表现出的进食技能
1岁	能用舌头将食团运送到口腔左右部位并进行明显的咀嚼处理；能飞快将入口的食物吐出来；能适应进食较大颗粒状的食物；能自己用勺子舀起食物并送到嘴里；能用拇指和食指尖捡起细小的食物颗粒；会用摇头表示不想吃；能灵活地把食物在不同容器间倾倒或搬运
1岁半	基本能独立进食；能用杯子喝液体而不洒出；吃饭狼藉的现象有所减轻；会用两只手一起操作食物和餐具；能处理较大块的食物；用勺子顺利吃到食物的成功率提高

4. 大动作的发育

宝宝大动作的发育时间也是各不相同，下表是根据世界卫生组织公布的各项大动作发育时间范围制成的，请参考表1.14观察自己的宝宝。

表1.14　宝宝的大动作发育表

大动作	发生的较早月龄	发生的较晚月龄
独自坐立	3.8个月	9.2个月
辅助站立	4.8个月	11.4个月
手膝式爬行	5.2个月	13.5个月
辅助行走	6.0个月	13.7个月
独立站立	6.9个月	16.9个月
独立行走	8.2个月	17.6个月

大动作的发育也和宝宝的进食能力息息相关。大动作发育较快的宝宝，可能会在餐椅中表现得更"不安分"，但也会更快学会自主进食。

当宝宝的大动作从一个阶段发展到更高阶段时，意味着能量的消耗也在增加，此时，他们需要获得更营养、更均衡的饮食来保证正常生长。比如，当宝宝从独自坐立进阶到手膝式爬行后，他们每天会爬个不停，如果食物补充不及时，可能会让宝宝的体重增加变慢。

5. 牙齿的生长

对宝宝来说，牙齿是进食的重要武器。其实，在妈妈肚子里的时候，宝宝的牙齿就已经有模有样地包裹在牙龈中了，只不过要等宝宝6个月左右才会长出第一颗乳牙。

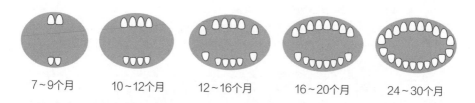

| 7~9个月 | 10~12个月 | 12~16个月 | 16~20个月 | 24~30个月 |

　　宝宝的乳牙一共有20颗，从正中到两侧分别是中切牙、侧切牙、尖牙、第一乳磨牙、第二乳磨牙，每组牙上下左右各有4颗。随着牙齿的矿化完成，乳牙会逐渐冒出牙龈。牙齿长出的时间主要受遗传因素的影响，在一岁前能长出第一颗乳牙就不用太担心。

第 2 章

辅食用品这样选

第1节 亲测好用的辅食工具

所谓"工欲善其事，必先利其器"，给宝宝做辅食，准备一些辅食工具会使做饭和吃饭更加得心应手。接下来我就根据自己的使用经验和妈妈们的反馈，为大家推荐一些实用的辅食工具。

辅食添加初期（7~8个月）

1. 推荐工具

● 煮蛋器或蒸锅

煮蛋器除了可以煮鸡蛋，还可以用来重新加热已经做熟的辅食。多层煮蛋器和多层蒸锅一次可以蒸煮或加热更多食物，使用频率更高、使用周期更长。

● 料理棒或料理机

料理棒和料理机都可以搅打食物成泥或研磨食物成粉。如果家中备有蒸锅，再加上一个料理棒或料理机就能达到辅食机的功能。料理棒或料理机价格实惠，功能全面。

● 菜刀和砧板

建议给宝宝准备单独的菜刀和砧板，生的食材（如生肉、未烹调的蔬菜）和直接食用的食材（如水果、烙熟的饼）要用不同的菜刀和砧板来处理。

● 冰格

宝宝刚开始一餐吃得很少，制作一次辅食泥常会有剩余。可以将多余的辅食泥放入冰格冷冻成辅食冰块保存，下次吃时拿出来加热就行了。

● **喂食勺**

柔软的勺头不会戳疼宝宝的牙龈，长柄更方便妈妈抓着喂食。一些勺子带有感温变色设计，可以避免家长用嘴巴试食物的不卫生举动。

● **厨房秤**

用厨房秤对宝宝的食物进行称量，可以对宝宝的食量做到心中有数，还可以避免浪费。

● **餐椅**

从宝宝开始吃辅食就要养成坐餐椅的好习惯。高脚餐椅适合家中使用，便携餐椅适合出门时携带。款式简单、易水洗晾干的餐椅能降低餐后清洁工作的难度。

● **防水围兜或反穿衣**

防水围兜或反穿衣可以有效避免弄脏衣服。下部带有食物槽的设计的围兜还能接住掉落的食物。

● **小汤锅**

一些蔬菜可以在小汤锅中焯烫后再进行烹调处理，给宝宝煮面条和汤羹时也可以用小汤锅，比大锅更方便。

● **密封罐**

如果宝宝食用的米粉是纸盒装的，建议开封后转移到密封罐中保存。等宝宝开始吃粗杂粮和坚果（粉）时，密封罐也可以用来存放不同的食材。

● **吸管杯**

宝宝添加辅食后可以逐渐锻炼他用奶瓶以外的容器饮用液体，到宝宝1岁半时会彻底戒除奶瓶。用吸管杯吮吸液体时，宝宝需要调动脸部肌肉和嘴唇才能将水吸入，然后用舌头压到咽喉，这样可以锻炼口周肌肉的力量，对吃固体食物也是有帮助的。

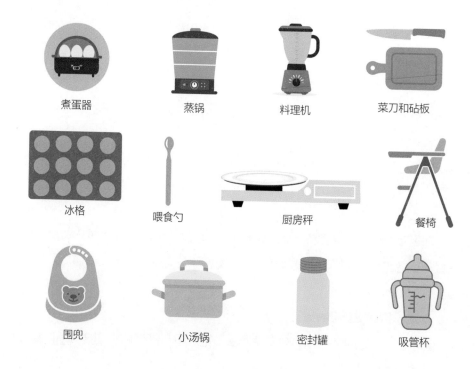

煮蛋器   蒸锅   料理机   菜刀和砧板

冰格   喂食勺   厨房秤   餐椅

围兜   小汤锅   密封罐   吸管杯

2. 可选工具

● 辅食机

辅食机是集消毒、蒸煮、搅打于一体的机器，多为按钮或面板控制。操作比较简单，适合老人、保姆和时间较少的妈妈使用。在宝宝吃辅食初期，辅食机使用频率较高，随宝宝月龄增加逐渐降低。

● 辅食盒

辅食盒可以保存辅食冰块，也可以在外出时为宝宝携带米粉、水果、小饼干等食物。

● 辅食碗

辅食碗用来盛放宝宝的辅食，可以让宝宝在进餐时触摸探索。辅食碗造型各异、花样众多，从实用性来说，建议直接购买带有强吸力或可以保温的特色辅食碗。

● 筛网

筛网可用于过滤碎皮、小籽和其他粗颗粒，使食材更细腻。筛网常用来过滤辅食泥、蛋液和面粉，对口感有较高要求的话可以准备一个。

● 定时器

对于单独带宝宝的妈妈来说，一个大音量的厨房定时器能减少糊锅、煮过头的情况发生。

辅食添加中期（9 ~ 10个月）

1. 推荐工具

● 电动打蛋器

电动打蛋器的打发速度比手动打蛋快得多，适合用来打发蛋清或全蛋，用来制作比较蓬松的糕点，如松饼、蛋糕。

● 研磨碗

等宝宝稍大一点儿，就可以给他吃带小颗粒的泥糊状食物了。这种食物可以烹熟后用研磨碗碾压一下制成。研磨碗适合处理较柔软、没有"筋"的食物，如香蕉、蒸熟的南瓜。

● 厨房绞馅器

如果需要制作少量生或熟的食物颗粒，厨房绞馅器能免去用菜刀剁的辛苦。

● 吸盘碗

当宝宝开始练习吃手指食物时，吸力强的吸盘碗可以在宝宝的拉拽中"屹立不倒"，使食物不易泼洒。

● 保温碗

当天气寒冷时，往往一餐还没结束，宝宝的食物就变凉了。长期食用凉的食物可能会伤及宝宝尚未成熟的肠胃。可以把食物放在注入温水的保温碗里，维持食物温度20 ~ 30分钟。

● 不粘锅

煎蛋、鱼和饼类常会用到不粘锅，即使不放油也不容易糊锅，更方便清洁。

● 电炖锅

粥、饭和汤的炖烧时间长，宝宝吃的食物又常与大人不同，需要单独做，所以准备一个可预约的电炖锅会比较方便。

● **硅胶模具**

给宝宝做发糕、蒸肉饼等食物时，如果有一个可以蒸制和塑形的硅胶模具会很方便。

电动打蛋器　　　　研磨碗　　　　厨房绞馅器

保温碗　　　　不粘锅　　　　电炖锅

2. 可选工具

● **面条机**

如果想给宝宝自制面条，拥有一台家用面条机就比较方便了。面条机也可以用来压饺子皮、馄饨皮等。

● **面包机**

如果想给宝宝制作面包、甜点等，面包机是最好的选择。自制面包可以控制糖盐油的分量，比市售面包更健康，它还可以用来给宝宝做肉松、发酵酸奶，或进行单独的和面程序。

● **电饼铛**

如果宝宝经常吃饼，不妨买一个电饼铛。调好面糊放入电饼铛内，时间到了饼就熟了。电饼铛还可以用来煎蛋、烤鸡翅、烤里脊、烤鱼虾、烤馒头片等。

● **煮粥器**

煮粥器是一个可以装入粮食和水的小杯子，把煮粥器放进大人的电饭锅里就能同时做出两份食物了。相比电炖锅，煮粥器的缺点是不能预约、容积较小。

● **辅食剪**

辅食剪用来剪碎过大的辅食块或太长的面条。当外出就餐时，使用辅食剪可以将较大的食材处理成适合宝宝吃的大小，方便携带。

● **压蒜器**

压蒜器可以用来处理能压成小碎末的食材。它的优点是能处理很小分量的食物，比如两片胡萝卜、一块鸡肉、一片猪肝，还能轻松给红枣去皮。

辅食添加末期（11～12个月）

1. 推荐工具

● **训练勺**

1岁左右的宝宝可以开始自己用小勺吃饭。粗短手柄的勺子适合宝宝稳定抓握，适合宝宝嘴巴大小且较深的勺头能挖取更多食物。

● **敞口杯或双耳杯**

当宝宝能较熟练地使用鸭嘴杯或吸管杯喝水时，可以换成敞口杯/双耳杯给宝宝喝水，这也能锻炼宝宝的手－眼－口的协调能力。

● **可重复使用的吸吸乐**

可以在可重复使用的吸吸乐中灌入果泥、酸奶、米糊、奶昔等食物作为宝宝外出时的零食。当宝宝在出牙拒绝吃硬食时，可以在吸吸乐中装入食物，增加宝宝的进食量。

训练勺　　　　双耳杯　　　　吸吸乐

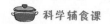

2. 可选工具

● **多功能切菜器**

多功能切菜器会大大缩短准备辅食的时间，是家长的好帮手。

● **烤箱**

烤箱可以用来做一些烘焙食品，比如小饼干、蔬菜干、焗饭、披萨、蛋糕、吐司等。

第2节 注意食品的卫生安全

　　正处在生长发育期的宝宝，身体器官对抗污染的能力弱，如果吃了不卫生或有毒的食物，除了腹痛、腹泻，严重的还可能会危及生命，所以家长一定要为宝宝把好"安全关"。

● 粮豆类食物的安全问题

　　粮豆类食物，包括宝宝日常食用的大米、面粉、粗粮杂豆等。这类食物在温度高、湿度大的储藏条件下很容易发生霉变，在选购时要注意选择真空包装的粮食。如果是散称的，注意用手揉搓一下，看看是否存在糠屑或者触摸起来是否有湿润感，如果是，说明粮食已经在恶劣的环境中储存了一段时间。买回家后的粮食要放在密封、阴凉处保存。每次装取材料时，保持手和容器的干燥，不要让水分留在食材里。

● 蛋类食物的安全问题

　　购买新鲜的鸡蛋，制作过程保证鸡蛋熟透是避免蛋类卫生问题的关键。表面粗糙、手摸有一层白霜的鸡蛋比较新鲜。摇晃起来没有声响的鸡蛋，说明其失水较少、蛋黄还处于比较稳固的位置。同等个头，分量重的鸡蛋更新鲜。购买盒装鸡蛋时，注意看包装日期，如果过了半个月了，说明鸡蛋已经不在最新鲜的状态了，不如每次少量购买，吃完再买新鲜的。

● 蔬菜、水果类食物的安全问题

　　果蔬采收后可能存在部分虫卵和农药残留无法去除的情况。为了食用安全，可以对其进行处理。杨梅、樱桃、花菜等可用淡盐水浸泡10分钟。叶类菜不宜用盐水浸泡，因为盐水会破坏叶类菜的细胞膜造成营养损失，还会使农残

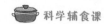

侵入蔬菜内部。最好的办法是流水冲洗时轻轻揉搓，然后用沸水快速焯烫一两分钟。

带皮的水果，建议削去外皮再给宝宝食用。发生腐烂、产生酒味的水果应该全部丢弃。没吃完的剩菜一定要冷藏保存，尤其是绿叶蔬菜，其中含有较多的硝酸盐，高温下会产生亚硝酸盐，对人体产生危害。给宝宝做的辅食，吃不了的要及时分装到辅食盒里，密封放入冰箱保存。

● 肉及水产类食物的安全问题

购买新鲜的肉类和水产是保证食品安全的关键。买回来的生鱼生肉如果当餐吃不完，应该及时放入冰箱保存，减少开关冰箱的次数以保持较稳定的温度。禽畜肉冷藏可以保存1~3天，冷冻可以保存3个月。水产品在-1℃下保质期约为5~15天，-25℃下保质期约为半年。烹调方式上，最适合宝宝的烹调方式是蒸、煮、低温炒制和烤箱焙烤。煎炸的方式虽然风味独特，但容易产生致癌物，营养损失也较多，应该尽量避免。

● 植物油的安全问题

植物油应该隔热、避光、密封保存。一大桶食用油打开盖子后放在灶台边随用随取的方法可不太健康哦。烹调时注意不要等到油冒烟了再下菜，这样会产生更多的有害物质。

● 容易引起中毒的食物

《甄嬛传》里安陵容吃苦杏仁自尽的桥段大家一定不陌生，现实生活中真的有引起中毒、威胁生命的食物吗？确实存在。常见的容易引起中毒的食物：自制发酵食品如豆酱、腌菜等不新鲜的海鲜，织纹螺，新鲜的黄花菜，发芽的土豆，现挤牛奶，以及没做熟的豆角等，家长一定要当心。

第 3 章

辅食添加初期
（7~8个月）

添加辅食前，妈妈应该了解的知识

为什么要给宝宝添加辅食？

添加辅食最重要的原因是母乳或配方奶粉已经满足不了宝宝的营养需求了。刚开始添加辅食时，奶类可以为宝宝提供一天所需能量的2/3～3/4；宝宝1岁之后，奶类提供的能量只占一天所需能量的1/4～1/3了，辅食逐渐成为"主角"。

宝宝从只喝奶到开始吃固体食物，需要学习全新的进食方法，涉及肌肉、牙齿、舌头、神经反射的协调作用。如果在辅食添加阶段没有进行合理的锻炼，会出现各种喂养问题。

对宝宝来说，吃辅食不仅仅是一种进食行为，也是一种社交行为。食物的丰富多样、家长耐心的喂养和鼓励都会带给宝宝幸福感。轻言慢语、其乐融融的餐桌氛围会令宝宝感受到吃饭的美好，增加宝宝的进食兴趣。

7个月是添加辅食的好时机

中国营养学会、世界卫生组织等机构建议足月出生且健康的宝宝从第7个月（满6个月）开始添加辅食，此时会出现添加辅食的信号，例如宝宝颈部可以支撑住头部、对伸到嘴边的勺子能微微张嘴、能吞咽进入口中的食物、体重达到出生时的两倍等。注意早产宝宝要在校正月龄满6个月时再添加辅食。

● **辅食添加不宜过早和过晚**

过早添加辅食，宝宝会因不能很好地控制身体，挺舌反应没完全消失，导致无法顺利咽下食物；过早添加辅食，宝宝体内消化酶的数量和活性不足，可能会增加消化系统的负担。过早添加辅食还可能导致奶的摄入量减少，初期少量辅食提供的营养不足以代替减少的那部分奶的营养，久而久之会影响宝宝的生长发育。如果没能及时摄入富含铁的辅食，还容易引起缺铁性贫血。

7~12个月也是宝宝口腔的敏感期，此时宝宝对食物的味道和质地更敏感。天然食物不同的味道可以增加宝宝对食物的感性认知，软硬粗细等各种质地的食物都能对口腔形成良性刺激。如果添加辅食太晚、接触食材种类过少，宝宝在一岁后就容易出现挑食的现象，不利于营养的均衡摄入。

**妈咪问，
苏蒂答**

Q：宝宝刚4个月，看大人吃饭直流口水，是不是可以添加辅食了？

A：宝宝在3~4月龄会对周围的事物充满好奇，开始出现无意识的咂嘴动作。此时宝宝的唾液腺逐渐发育成熟，唾液淀粉酶分泌旺盛，口水增多；部分宝宝在4个月左右就会长牙，长牙会引发流更多的口水。因此，咂嘴和流口水不能算是添加辅食的准确信号。

Q：宝宝7个月时要打疫苗，可以提早加辅食吗？

A：宝宝在第7个月即满6个月可以添加辅食，遇到特殊情况可以适当提前或延后。如果担心宝宝打疫苗时会出现反应，不利于顺利添加辅食，可以将时间调整一下。

Q：准备添加辅食的时候宝宝生病了怎么办？

A：添加辅食应该在宝宝身体状况良好的情况下进行，如果在宝宝生病时添加，就会与添加新食材可能导致的过敏、不耐受等不良反应混淆。如果添加辅食的时候宝宝生病了，应该等恢复后再开始添加。

Q：宝宝4个月体检的结果显示缺铁性贫血，要提早添加辅食吗？

A：宝宝在添加辅食初期进食量不大，靠辅食来迅速纠正缺铁性贫血的效果

并不理想。如果宝宝在添加辅食之前已经确诊有缺铁性贫血，建议谨遵医嘱，进行补铁治疗。

Q：宝宝生长越来越缓慢，可以提早添加辅食吗？

A：小部分宝宝喝奶情况差，导致生长曲线持续下滑，此时应在医生或营养师的评估下决定是否要进一步检查，是否要提前添加辅食来增加营养摄入。

Q：先给宝宝喝点果汁，满6个月再正式添加辅食可以吗？

A：配方奶和少量营养补充剂（如维生素D）之外的食物都叫辅食，没有"吃着玩"和"正式添加"的区别，建议家长有计划地给宝宝添加辅食。果汁糖分高，营养价值偏低，不建议给1岁以下的宝宝添加。

适合宝宝的第一口辅食：含铁米粉

许多家长都纠结宝宝的第一口辅食吃什么，其实这个问题并没有标准答案，只要是应季的、方便取材的、健康的食物都可以选择。但是从致敏性、口感和营养成分的角度考虑，推荐大米米糊作为宝宝的第一口辅食。

小贴士

选择成品辅食泥还是自制辅食泥？

如果家长没有太多时间给宝宝制作复杂的辅食，那么符合《婴幼儿罐装辅助食品》（GB 10770—2010）标准的成品辅食泥可以帮助你减轻负担。成品辅食泥是将食材加工，并经杀菌、密封、罐装后出售的，有肉泥、蔬菜泥、水果泥等多种选择。开罐即食的特点可以帮助家长节约烹调时间，但是种类没有自制辅食多样，价格也较贵。

无论自制辅食泥还是成品辅食泥，根据家庭情况选择即可。

很多家长认为自制米粉肯定比超市购买的市售婴儿米粉好，这是不对的。婴儿配方米粉不仅含有谷物，还强化了碘、锌、铁、B族维生素、维生素D等营养素，强化铁的米粉还能帮助辅食添加初期的宝宝预防和改善缺铁性贫血。

好辅食vs坏辅食

处在生长发育关键期的宝宝虽然胃容量小，但对营养的需求却很高。因此，要尽量给宝宝提供"好"辅食，保证充足的营养摄入。好辅食应该是安全卫生，能为宝宝提供较多的能量、维生素和矿物质，符合宝宝当前的进食能力，展现食物原汁原味的。而"坏"辅食往往因为营养密度低、含有较多的糖分和香料等原因，不利于宝宝的生长发育和良好饮食习惯的形成。

以下是"好"辅食举例：

- 鸡肉条：富含蛋白质，味道鲜美。
- 奶酪条：富含钙元素，香味浓郁。
- 蔬菜饼：多种食材混合，促进咀嚼。
- 水果块：适合做手指食物。
- 猪肝泥：富含铁元素。
- 自制吐司：相比市售吐司少糖少盐，口味较淡。

以下是"坏"辅食举例：

- 米汤：太稀了，能量密度很低。
- 蔬菜汁：只含有少量的维生素，膳食纤维全过滤掉了。
- 果汁：相比水果，其膳食纤维和维生素C损失较多，糖分很高。
- 雪米饼：营养素单一、能量高、口味重。
- 旺仔牛奶：糖分比较高，营养价值较低。
- 油条：油炸食品尽量少给宝宝吃。最好选择蒸、煮、炒、炖、少油的烹调方式。
- 火腿肠：含有较多的食品添加剂，火腿肠的香味和色泽都离不开这些添加剂。

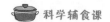

● 整粒坚果、未抹开的黏稠花生酱、圆球形的食物如圣女果和葡萄：容易令宝宝发生窒息。

● 酒和含有酒精的食物：小宝宝肝脏解毒功能差，摄入酒精过多会损害肝脏功能和神经系统。

辅食如何保存？

如果辅食每次都能现买、现做、现吃，那既能保证食材新鲜，又能保证良好的风味口感，可是实际制作时这可能有些理想化了。辅食添加初期，宝宝的进食量很少，少量的食材无法用辅食机搅打，搅打多了又会造成浪费。一些不方便采购的食材如三文鱼、鳕鱼等，不可能每次都现买。所以，将辅食原料或成品合理保存，是让辅食制作更方便的好办法。

未经加工的食材需要根据特点分类储存。有些蔬菜水果常温储存就可以，有些则要包上保鲜膜放入冰箱冷藏，肉类更要放入冰箱冷冻保存。做好的辅食立刻密封冷藏保存可以放置2~3天，冷冻保存可以放置1~2周。

冷冻或冷藏的辅食取出来后要彻底加热，放置到合适的温度再给宝宝吃。如果一次取出加热的食物较多，剩余部分就不能再放回冰箱了，应该丢掉。食物在冷冻、冷藏、再加热时或多或少都会有营养损失，但相比于带给我们的便利性和保证宝宝饮食的多样性，这点损失是可以接受的。

小贴士

● 用微波炉加热体积较大的食物如高汤时，内部温度可能不均匀，要充分搅拌后用感温勺试一下温度再给宝宝吃。

● 对于水分含量低的食物，加热时可以在旁边放一碗水。

● 带壳的鸡蛋不能放入微波炉加热。

● 不要通过摸容器的外壁来判断温度，食物的温度和容器的温度未必一致。

不同种类的辅食食材和成品的保存方法可不一样哦，下面介绍一下常见食物的保存方法。

1. 谷薯类食物的保存方法

常见谷薯类食物的保存方法见表3.1。

表3.1 常见谷薯类食物的保存方法

食物名称	保存方法
粥	冷冻成冰块，吃时加热
手工面条/面片	（1）若生时保存，可以撒一些面粉混合拌匀，放入容器中冷冻 （2）可以晒干后室温保存 （3）如果是不久就准备吃的，可以先将面煮熟沥干，拌一些油，然后冷藏保存
面包/吐司	室温下2~3天就要吃完。也可以用袋子装好冷冻保存，吃的时候再取出重新烘烤
水饺	包好后直接冷冻保存
包子/馒头/发糕	发酵面食都可以蒸熟后再冷冻保存
米饭	冷藏保存，但是口感会变硬，适合做炒饭
面糊	冷藏保存到第二天使用
薄饼、葱油饼	可以按照一层饼一层保鲜膜的方式冷冻保存，吃时再烙熟
披萨饼底	做好后冷冻保存，吃时烙熟或烤熟
红薯、土豆等食材	阴凉处储存

2. 蔬菜类食物的保存方法

未清洗的蔬菜可以包裹一层餐巾纸，放入保鲜袋封口后冷藏保存，也可以洗净切好后冷冻保存。所有蔬菜都可以做熟、打成泥后制成辅食冰块保存。辅食冰块不用很大，购买"小而多"的冰格更合适，每格容量大约30mL就够了。等冰块冻硬了，可以分装到储存袋中贴上标签，写明食物名称和保质期。

3. 肉类及水产类食物的保存方法

常见肉类及水产类食物的保存方法见表3.2。

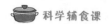

表3.2　常见肉类及水产类食物的保存方法

食物名称	保存方法
猪肉、牛肉、鸡肉	（1）按照宝宝的食量切小块，冷冻保存，吃的时候提前放到冷藏室中解冻 （2）将生肉处理成肉泥或者肉末放入保鲜袋里压薄，吃时掰下一块儿烹调 （3）做熟后打成泥，制作成辅食冰块保存 （4）做成肉丸、肉条、肉块、肉糕等，蒸熟后冷冻保存
鱼虾等水产品	（1）活鱼、活虾等水产品可以直接冷冻，也可以把肉剔出来再冷冻，吃时提前放到冷藏室中解冻，再进行烹调 （2）做熟后打成泥，制作成辅食冰块保存
生贝类	冷藏保存，尽快烹调食用

4. 蛋类食物的保存方法

蛋类应该放入有盖的蛋盒里冷藏保存。

5. 水果类食物的保存方法

所有水果都可以打成泥冷冻保存，吃时再解冻。建议现吃现做，冷藏或冷冻后再取出食用会影响口感。

6. 奶类食物的保存方法

- 自制酸奶要放入冰箱冷藏保存，4天内吃完。
- 硬奶酪切成小块后冷冻保存。
- 软奶酪冷藏保存。
- 牛奶开封后要冷藏保存，24小时内喝完。

7. 调味类食物的保存方法

自制果酱、自制肉松等都可以冷藏保存，7天内吃完。番茄肉酱要冷冻保存。

第2节 7个月，开启宝宝的辅食之旅

7个月（满6个月）的宝宝刚刚踏入辅食的大门，进食方式还是原始的直接吞咽，所以此阶段不仅要准备营养丰富的辅食，还要逐步锻炼宝宝吃东西的本领。本月龄的食材应该处理成细滑的糊状，让宝宝学习如何将食物从口腔前方推送到后方并顺利咽下。辅食以培养宝宝的进餐兴趣、养成良好的进餐习惯、尝试天然食物的味道为主要目的，不要过于关注进食量。随着辅食的添加，会出现一些困扰妈妈的问题，例如奶和辅食的时间安排、便便的变化、尝试新食材后的反应等。

适合宝宝的食物性状

7个月是宝宝学习咀嚼和吞咽的起步阶段，此阶段宝宝刚开始接触新食材，比较适合吃细滑、泥状或糊状的食物。除了质地较软的水果可以用小勺直接刮食外（如香蕉、牛油果等），各类食材都应该先去皮和核，蒸熟或煮熟后混合少许水，用辅食机或料理棒搅打成细腻的糊状，必要时还得过筛，去除较大的颗粒再喂给宝宝吃。

白萝卜泥

蛋黄泥

豆腐泥

河虾泥

红薯泥

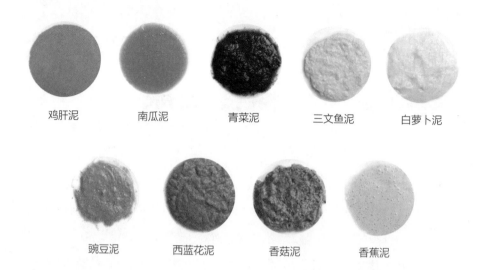

| 鸡肝泥 | 南瓜泥 | 青菜泥 | 三文鱼泥 | 白萝卜泥 |

| 豌豆泥 | 西蓝花泥 | 香菇泥 | 香蕉泥 |

关于米粉你要知道这些事儿

前面提到过，推荐选择强化铁的米粉作为宝宝的第一口辅食，那么米粉的冲调有哪些需要了解的呢？

1. 用水冲还是用奶冲？

观察所购米粉的外包装，如果米粉类别为"婴幼儿谷物辅助食品"，可以用温水、温奶冲调；如果米粉类别为"婴幼儿高蛋白谷物辅助食品"，只能用温水冲调。家长可以根据实际情况选择。

表3.3　米粉用水冲和用奶冲的适用情况

适合用水冲的情况	适合用奶冲的情况
任意种类的婴幼儿米粉	非高蛋白谷物婴幼儿米粉
宝宝有超重风险或增重过快	宝宝体重较低或增重不理想
宝宝接受原味米粉	宝宝不接受原味米粉
宝宝每天喝奶量超过800mL	宝宝每天喝奶量不足600mL

冲调米粉的水最好用煮沸后放温的自来水，部分地区水质较差，也可以将纯净水或矿泉水煮沸后放温使用。如果家中有过滤装置的，要注意定期清洁滤芯等部件，以免微生物超标，影响水质。从营养角度而言，没必要花费大价钱购买"婴儿专用水"。

2. 用多少温度的液体冲调最合适？

冲调米糊的水温或奶温不要超过50℃，以免其中的益生菌等成分遭到破坏。如果对温度不确定的话，可以购买感温勺，勺子开始缓慢变色时的温度比较合适。经过解冻回温的母乳、现挤的母乳和按正常比例调好的配方奶液都可以直接用来冲调米粉。

小贴士

冲调米粉的注意事项

● 如果米糊冲好后有些凉了，或气温较低时米糊越吃越凉，可以将米糊盛放在碗中保温。一般情况下，直接喂食温度偏凉的米糊也没关系，但在宝宝生病时，温热的米糊会更好一些。

● 米糊应该现冲现吃，这顿吃不完的米糊要及时丢弃，不能留到下一顿再加热食用。

3. 米糊的稠度

米糊除了能为宝宝补充部分营养，还应该能够锻炼宝宝的进食能力，所以它不能像米汤那么稀，也不能像饭那么稠，介于两者之间，类似于芝麻糊的稠度是最佳的。不同品牌的米粉溶解度也不同，多试几次就能掌握好比例了。

如果还要在米糊里添加其他辅食泥，米糊先不要冲得太稀，以防辅食泥中的水分让米糊变得更稀。

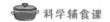

4. 水和米粉的添加顺序

如果先加米粉后加水，最先接触水的那部分米粉容易凝结成小疙瘩，影响口感。先放水后打圈倒入米粉就能避免这个问题。冲调后充分搅拌并静置一会儿，让米粉均匀吸水，口感会更好一些。

5. 混合米糊

● 混合米糊的制作方法

宝宝的米糊，不能仅仅以"吃饱"为目的，还应该讲究营养的均衡搭配。待宝宝适应了纯米糊后，在喂米糊的同时搭配一些肉泥、鱼泥、蛋黄泥等富含优质蛋白质的动物性食物，以及南瓜泥、菠菜泥、香蕉泥等富含多种维生素和矿物质的植物性食物就更好了。混合米糊可以让宝宝一次吃到多种食物，补充多种营养。对于食量小的宝宝来说，混合米糊能带来丰富的味觉体验。混合米糊的制作方法也非常简单，冲好纯米糊后加入辅食泥拌匀即可。

混合米糊制作公式：原料+液体+辅食泥=混合米糊

原料：婴儿米粉。

液体：水或配方奶。

辅食泥：菜泥、肉泥、蛋黄泥、水果泥等。

一般根据宝宝吃米粉的量来搭配辅食泥的量。5g干米粉冲泡后的米糊可以搭配10~20g辅食泥。

● 混合米糊的喂养

很多家长会纠结，米糊和辅食泥应该一起喂还是分开喂，我认为这应该取决于宝宝的喜爱程度。新添加的食材可以先单独喂，待宝宝能清晰地记住这种味道再混合。已经添加过的食材都可以混合到米糊中，让米糊的味道更丰富。对于宝宝不喜欢吃的食材，可以用宝宝喜欢的食材打"掩护"，将他们混在一起喂给宝宝。

西蓝花蛋黄米糊

🍎 **食材**

西蓝花、鸡蛋

🍲 **做法**

西蓝花洗净煮熟搅打成泥；鸡蛋煮熟后分离出蛋黄，将蛋黄加少许水调成泥状。婴儿米粉加水冲调成米糊，加入适量西蓝花泥和蛋黄泥拌匀即可。

食物添加有技巧

1. 食材添加有顺序吗？

辅食添加不必纠结于特定的顺序，谷物、蔬菜、水果、禽畜肉、鱼虾等各种食材都可以逐步引入。为了让宝宝摄入更全面的营养，可以从不同种类的食材中变化着选择一种或几种交替添加，弱化宝宝对某一类食物的偏爱。

2. 宝宝7个月了可以吃肉吗？

有家长认为肉类不好消化、还容易引起过敏，就刻意推迟添加肉类的时间，有的宝宝甚至到了9个月还在吃"素辅食"，这是不可取的。宝宝满6个月时，已经能很好地消化包括肉类在内的各类食材了。动物性食物能改善宝宝的缺铁性贫血，其中特殊的鲜味与香味还能有效改善辅食的口感。因此，在宝宝添加辅食的第1个月就应该为宝宝添加动物性食物。

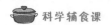

3. 正确看待宝宝的饮食喜好

每个宝宝都有自己的饮食喜好。妈妈在孕期和哺乳期的饮食偏好也会通过羊水和乳汁对宝宝的饮食喜好产生一定影响，但几乎所有的宝宝都对甜味食物难以抗拒。刚开始添加辅食时不要害怕宝宝拒绝你提供的食物，他们对"好吃"和"不好吃"还没有形成概念，所以各种口味的食材都可以让宝宝尝试。多尝试几次，宝宝一般都愿意接受。反之，如果太在意宝宝的偏好，总是提供他们喜欢的食物，久而久之宝宝可能就真的拒绝那些味道"陌生"的食物了。要注意，不应该按照家长的喜好来选择添加食物，例如家长平时接受不了西蓝花的味道，就不给宝宝添加，这是不可取的。

4. 添加新食物的时间间隔

每添加一种新食材，需要连续吃这种食材（可以和已添加过的食物混合喂养）2~3天，同时观察宝宝在吃了新食物之后是否出现腹泻、呕吐、皮疹等不良反应。如果没有不良反应，就继续添加下一种新食物。如果出现了不良反应就暂停喂新食物，等宝宝好转后再重新少量喂食，保持观察，如果仍有不良反应发生，则需要暂停至少3个月再尝试这种食物。辅食添加应该循序渐进，切忌心血来潮无规律地添加，这样不利于及时发现宝宝对食物的反应。如果等食物添加种类多了再出现不良反应，回头排查就会困难很多。最好每天花几分钟记录宝宝的饮食情况，做到心中有数。

5. 宝宝生病时辅食的添加

宝宝生病时不应该添加新的食物，以免将进食后的不良反应与疾病症状混淆，但是以前添加过的食物可以继续食用。除非医生特别嘱咐，否则不要贸然给宝宝停辅食，这是因为一段时间不接触辅食，会让宝宝对辅食感到陌生，很容易出现"拒吃"，而重新开始可是一件麻烦事儿。

6. 宝宝转奶期间，可以添加新食物吗？

从同一品牌的某个阶段的奶粉转换到另一阶段的奶粉，从一种品牌的奶粉转换到另一种品牌的奶粉，都称为转奶。转奶需要一段时间来观察宝宝的反应，应该等宝宝适应新奶粉至少3~5天后再添加新食物。

7. 宝宝是过敏体质，需要延迟添加容易引起过敏的食物吗？

不需要。延迟添加容易引起过敏的食物并不能降低宝宝过敏的概率，在添加这种食物后注意观察宝宝的反应即可。

宝宝每天吃多少？

母乳或配方奶依然是这个阶段宝宝最主要的能量和营养来源。宝宝全天喝奶量应不低于600mL，保证喝奶量再添加辅食。

刚开始吃辅食的时候，宝宝吃一小口或者十几口都是正常的，有的宝宝甚至一口都不吃。妈妈要做好充分的心理准备，不要因宝宝进食情况不佳而沮丧。当宝宝在尝试了辅食之后表现出抗拒、抵触甚至哭闹时，要及时结束用餐，待第2天再试。

辅食的意义在于告诉宝宝：我们要尝试新食物了，今后在这个时间有特定的安排了，而不是鼓励他们多吃。另外要观察宝宝进食后的反应，如果吃完后意犹未尽，下次可以再适当增加一点，但是绝不能因为添加辅食就减少喝奶。

添加辅食的第1个月，每天可以吃1~2次辅食，大多时候是1次。辅食摄入的种类和数量分别为谷类5~10g、蔬菜类10~15g、水果类10~15g、肉或水产类5~15g、蛋黄1/2个、油少量或不加，不需要添加任何调味品。

7个月宝宝的辅食举例

● 每日一餐

豌豆三文鱼米糊

米粉·················· 5g

豌豆·················· 5g

三文鱼·············· 5g

● 每日两餐

| 第一餐 | 西蓝花蛋黄米糊 |

米粉·················· 5g

西蓝花·············· 5g

蛋黄··················1/4

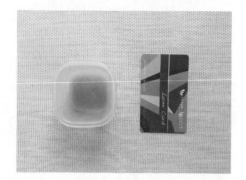

| 第二餐 | 香蕉泥 |

香蕉·················· 5g

奶和辅食的时间安排

1. 辅食安排在什么时间？

辅食可以根据宝宝的睡眠时间和家庭活动来安排。

● 可以安排在宝宝小睡醒来稍微活动一会儿时

此时宝宝精力充沛、处于兴奋状态，对食物有更强的探索欲。较差的时间点是黄昏和小睡之前，此时宝宝容易疲劳烦躁，精神难以集中，只想喝奶或者尽快进入梦乡，辅食陌生的味道可能会惹恼他们。

● 可以安排在上午

虽然全天都可以吃辅食，但是万一吃后宝宝发生了不良反应，上午吃可以及时去看医生。

● 可以安排在家人进餐的时间

如果宝宝经常和家庭成员一起进餐，他慢慢就会认为自己是家中一员，享受和家人一起进食的乐趣。家长吃饭的姿势、咀嚼食物的动作也会对宝宝起到示范作用。有一些宝宝更喜欢自己安静地吃辅食，这时要注意避开家人进餐的时间段。

注意一定不要在宝宝"饿过头"的状态下给他吃辅食，此时倍感饥饿的宝宝更倾向于喝他熟悉的奶。可以先给宝宝吃一些辅食，接着喂奶喂到宝宝不喝为止，辅食加上奶才是完整的一餐。如果宝宝吃辅食后不再喝奶，说明宝宝吃饱了，不要再强求他喝奶。有些宝宝对辅食比较抗拒，应该先照顾他的情绪，暂时调换一下进食顺序——让宝宝喝一些奶，玩耍一会儿，等宝宝心情好了再吃少量辅食。等宝宝对辅食不那么抗拒时，再重新调整为先吃辅食后喝奶。

2. 作息示例

以下是两个宝宝的作息时间和辅食时间，大家可根据自己宝宝的情况灵活安排。

1号宝宝：当当

妈妈全职带

白天5次母乳2次辅食，夜间2次夜奶。

白天3次小睡共2小时，夜间睡11小时。

7:00醒来

8:30喝奶

9:30～10:00小睡

12:00辅食+喝奶

13:00～14:00小睡

14:30：辅食+喝奶

16:30～17:00：小睡

17:30喝奶

19:30喝奶

20:00睡觉

2号宝宝：橙橙

妈妈上班背奶

白天5次母乳1次辅食，夜间1次夜奶。

白天3次小睡共2.5小时，夜间睡10.5小时。

6:00醒来

6:30喝奶

9:30～10:00小睡

10:00喝奶

12:00辅食+喝奶

13:00～14:00小睡

15:30喝奶

16:00～17:00小睡

18:00喝奶

19:30睡觉

喂宝宝吃辅食，这些要领要记牢

　　每次吃辅食前，都要让宝宝经历"洗手—抱进餐椅—戴上围兜—进餐"的程序，这能让宝宝将坐餐椅和吃东西联系起来，养成良好的进餐习惯。

● 坐餐椅的重要性

　　宝宝刚开始吃辅食时就应该坐餐椅。儿童餐椅的安全性要比一般椅子的安全性高，设计也符合宝宝的发育特点。坐餐椅还有利于培养宝宝的餐桌礼仪和吃饭兴趣。有的宝宝7个月时上半身还不能很好地挺直，可以将餐椅倾斜较小的角度让他们微靠着；也可以在不能调节角度的餐椅中放一个软垫。

　　当宝宝在餐椅上进餐时，家长可以和宝宝面对面，观察到宝宝的情绪、进食状态；能通过言语和表情鼓励宝宝进餐；还能通过自己的咀嚼动作引导宝宝。而抱宝宝进餐仅能靠摸索把食物塞入宝宝的口中，观察不到宝宝的表现及进步，也无法给予他积极的回应和鼓励。

● **错误的喂食方法**

● 在宝宝不想吃饭的时候，撬开嘴巴塞入食物；

● 将太稀的食物倒入宝宝嘴里；

● 将太稠的食物刮入宝宝嘴里；

● 勺子伸太深，让宝宝有窒息感；

● 用奶瓶给宝宝喂辅食，这会减少他们把食物从口腔前部推送到后部的锻炼，造成喂食困难。

● **正确的喂食方法**

将勺子平移到宝宝嘴边，待他张嘴时把勺头伸到宝宝口中，鼓励他用嘴唇抿下食物，然后将勺子平移取出。

宝宝吃饱了的信号

宝宝从出生开始就知道自己是"饿"还是"饱"。宝宝饿的时候，面部表情和肢体动作会更多，会用哭声来呼唤妈妈；当宝宝吃饱时，会主动松开乳头或奶嘴，表现出平静而满足的神态，有时还会冲着妈妈微笑。经常照顾宝宝的家长，甚至能通过宝宝不同音调的哭声来判断宝宝是不是饿了。

添加辅食后，宝宝虽然不会说话，但也会用很多方式告诉家长"我吃饱了"。

● **东张西望**

宝宝对食物感兴趣的时候如同"饿虎扑食"，等吃到七八分饱的时候，食物对他的吸引力减弱，宝宝开始东张西望，关注周围的事物——比如周围走动的人、隔壁的关门声、手机的铃声等。

● **神情呆滞**

当宝宝变得安静、目光呆滞、神思缥缈时，说明他已经不想进食或感到疲劳了。

● **抗拒躲避**

如果宝宝已经吃饱了，而家长还要一厢情愿往宝宝嘴里塞食物时，宝宝除了表情不满，还会做出一些抵触食物的动作，比如扭头不看食物、抵住家长的

手不让食物进嘴、咬住伸进嘴里的勺子不放、皱眉或者把食物直接吐出来。

● **哭闹抗议**

当宝宝出现哼唧、打挺、后仰、扭动时，说明他已经忍耐到了极限，这时要马上停止进餐。如果经常发展到这一步才结束进餐，宝宝很可能认为吃辅食是一件需要不停哭闹才能摆脱的事，那么他可能吃一点儿就开始哭闹，甚至一靠近餐椅或一看见勺子就情绪崩溃、嚎啕大哭。

宝宝每餐的进食量差异很大，有时上一餐能把饭都吃光，这一餐却只吃两口，这都是正常的。一定不要以"吃光餐盘里的食物"和"吃得像平时那么多"作为判断宝宝进食情况好坏的标准。注意观察宝宝吃饱的信号，记住他的平均食量即可。有的家长喂饭时特别有耐心，能断断续续喂一个小时，也是不可取的。宝宝注意力集中的时间非常短暂，建议每次进餐时间在20～30分钟。"战线"拉得越长，宝宝越没有耐心，反而会觉得吃辅食是种煎熬。

本月食谱范例

表3.4　7个月宝宝辅食安排示例表

天数	第一餐	新加
1	大米米糊	新加：大米。米糊细腻的口感很适合宝宝练习吞咽，原味大米米粉带有谷物的清香。纯大米米粉致敏性较低，很适合作为宝宝的
2	大米米糊	第一口辅食。强化铁的米粉在宝宝辅食初期是重要的铁元素来源。但大米中的蛋白质不是优质蛋白质，在宝宝适应米糊后应尽
3	大米米糊	快添加动物性食物
4	南瓜米糊	新加：南瓜。大多数宝宝都不会拒绝南瓜香甜细腻的口感。南瓜泥可以和各种面食混搭，例如南瓜手工面、南瓜发糕、南瓜饼
5	南瓜米糊	等，增加美观度和甜味。橙色食物的代表之一，颜色越深的南瓜
6	南瓜米糊	营养越丰富，还具有一定缓解便秘的作用
7	香蕉南瓜米糊	新加：香蕉。香蕉细滑的口感会受到宝宝的欢迎，也是初期水果类手指食物的好选择。香蕉在水果中含有相对较高的热量和钾，
8	香蕉南瓜米糊	很适合在宝宝生病时补充营养。但香蕉的通便作用不像大家想象
9	香蕉南瓜米糊	得那么神奇，生硬的香蕉还可能加重便秘

续表

天数	第一餐	新加
10	鸡肉香蕉米糊	新加：鸡肉。可以从肉质较嫩的鸡胸肉开始给宝宝添加。熟鸡肉天然有鲜美的滋味，不加任何调料也很好吃。鸡肉含有丰富的烟酸，也能提供优质的蛋白质，但铁含量不太高
11	鸡肉南瓜米糊	
12	鸡肉南瓜米糊	
13	白菜鸡肉米糊	新加：白菜。白菜煮熟后有微微的甘甜和淡淡的清香。白菜作为一种常见蔬菜，也很方便采购。刚开始可以只取营养价值较高的叶片部分制作辅食。白菜含有丰富的维生素C，在干燥的季节里应给宝宝多补充
14	白菜南瓜米糊	
15	白菜香蕉米糊	
16	三文鱼南瓜米糊	新加：三文鱼。三文鱼脂肪含量较高，因此口感肥美。作为一种受污染程度较低、DHA含量较高、刺也少的鱼类，可以考虑早一些给宝宝添加。采购不便的家庭可以将生鱼肉速冻，吃之前放入冷藏室解冻，或制作较多分量的辅食泥冷冻保存
17	三文鱼白菜米糊	
18	三文鱼香蕉米糊	
19	番茄鸡肉米糊	新加：番茄。番茄是一种天然的调味蔬菜。酸甜口感搭配各种食物都有促进食欲的作用。番茄含有较多的有机酸，可以保护食材中的维生素C，也可以促进铁的吸收。但有部分宝宝接触酸性食物会在口周起红疹或小疙瘩，要注意观察
20	番茄白菜米糊	
21	番茄南瓜米糊	
22	土豆三文鱼米糊	新加：土豆。熟土豆口感绵密，有轻微的甜味。因土豆含有较多的淀粉，所以在宝宝不爱吃米面时可以代替一部分主食。加之土豆取材方便，所以也是初期手指食物的好食材之一。土豆含有丰富的钾，可以为腹泻宝宝补充营养
23	土豆番茄米糊	
24	土豆鸡肉米糊	
25	香蕉猪肉米糊	新加：猪肉。宝宝第1个月吃的辅食中，最好能加入一种红肉。猪肉的铁含量和吸收率都比较高，可以有效预防和改善宝宝的缺铁性贫血。新鲜猪肉煮熟后有天然的香气，可以从较嫩的里脊肉开始添加
26	南瓜猪肉米糊	
27	蕃茄猪肉米糊	
28	青菜三文鱼米糊	新加：青菜。嫩爽的绿叶蔬菜营养价值很高，应该每天给宝宝准备一些。由于青菜没有明显的酸甜味，口感清淡，所以要早一点给宝宝接触，以免宝宝今后出现挑食。菜泥也可以用来制作面食
29	青菜鸡肉米糊	
30	青菜土豆米糊	

（1）本月每隔3天添加一种新食材，一共添加了10种食材，有2种谷薯类、4种蔬菜类、2种禽畜肉类、1种水果类、1种水产类。由于添加辅食的季节、食材采购便利度，宝宝的饮食习惯、口感喜好和对食材的反应各有

不同，宝宝的辅食安排也不同，妈妈可根据实际情况自行替换食材或调整食材的添加顺序。

（2）添加肉类、水产、蛋类后，如果宝宝并无不良反应，可以每餐都搭配一些。

妈咪问，
苏蒂答

用心做好一份辅食然后端到宝宝面前时，妈妈心中又激动又期待。你可能会期待这样的景象：柔软香甜的米糊送到宝宝嘴里，宝宝大口大口地吃着，冲你开心地笑着……然而，许多宝宝在吃辅食的初期并没有表现出对食物的喜爱，反而屡屡用哭声、吐食物给妈妈下马威。面对各种各样的问题你可能很茫然无措吧，我想拍拍你的肩膀对你说："这种情况真的很常见。"

Q：添加辅食好几天了，宝宝好像还是不会吃，米糊吃进去又会被吐出来，该怎么办呢？

A：喝奶和吃糊状食物需要的"操作系统"完全不同。对宝宝来说，哪怕是抿勺子里的食物，再闭嘴吞咽下去这么简单的动作也是需要学习的。在辅食添加初期，许多宝宝动作比较笨拙，他们可能会把喂进嘴的米糊抿出来，因为不会吞咽导致干呕，把食物糊到脸上……妈妈要有足够的耐心，鼓励宝宝尝试。只要坚持吃辅食，宝宝很快就能掌握吃糊状食物的技巧。也有宝宝只想着玩儿，不愿意在吃辅食上花太多时间，尝试几下就厌倦了。他们会用皱眉、哭闹、吐食物表示抗议，此时不要强迫宝宝继续吃，先把宝宝抱下餐椅，下次再尝试。

Q：辅食添加半个月了，好几种食物宝宝都不太爱吃，有什么好办法吗？

A：如果宝宝对吃辅食没什么兴趣，可以试试以下几个方法：

● 换个时间。一般是建议在小睡后给宝宝吃辅食，但是有的宝宝不想马上吃，更想玩一会儿。还有的宝宝刚睡醒时心情和体力都不佳，这时让宝宝尝试新食物，结果就可想而知了。总之，如果在某个时间点喂辅食总是不顺利，就换个时间试试吧。

● 换个味道。宝宝拒绝吃辅食可能是因为有食物不合口味的体验，形成了"辅食可真难吃"的刻板印象。不妨试着改变提供的食物品种，或者提供口感更好的成品辅食泥。我曾在粉丝中统计过7个月宝宝的口味偏好，发现南瓜、苹果、三文鱼、番茄等食材的接受度较高，土豆、西蓝花、猪肝等食材的接受度较低。当然，口味也是因人而异的，持续添加新的食材能让宝宝有更多选择。

● 换个口感。宝宝拒绝泥糊状食物不等于拒绝所有辅食。一些出牙早的宝宝更热衷于啃咬硬物而拒绝吃泥糊状辅食。此时可以改变食物的制作方法，使之具有一定的形状。比如土豆泥改为土豆条、米糊改为颗粒面，有嚼劲的食物可能令宝宝吃辅食的兴趣大增。

● 换个喂法。如果宝宝拒绝勺子里的食物，妈妈可以用手拿着条状食物喂。这就意味泥糊状食物需要全面升级为手指食物了。

● 换个态度。积极而丰富的情感交流是宝宝辅食添加初期的"兴奋剂"。7个月的宝宝已经可以从大人不同的面部表情中解读出不同的含义。妈妈愉悦、信任和鼓励的态度会令宝宝更愿意尝试新的食物。如果宝宝每次拒绝吃辅食，妈妈都表现出生气和不耐烦，久而久之宝宝也会对辅食失去兴趣。

● 换个环境。有些宝宝注意力很容易被分散，在喂食的过程中，周围稍微有点动静，他就会被吸引过去。这种宝宝适合在安静的环境中进食。有些宝宝则更喜欢热闹，我们要投其所好，安排他们和家人一起进餐。相比一个人安静的吃辅食，和家人围桌而坐吃饭更能促进他们的食欲。

Q: 每次吃辅食宝宝一直咬着勺子不放，米糊都没法喂了，该怎么办呢？

A: 宝宝吃辅食时喜欢紧紧咬住勺子，说明他最近可能要出牙了，牙龈肿胀不适，他把软软的小勺当成了按摩牙龈的工具。妈妈要注意观察，平时要主动提供安全材质的牙胶供宝宝啃咬（冷藏一下可以令宝宝更舒服）。妈妈也可以在手上套上硅胶指套牙刷，或者缠上干净的纱布为宝宝轻轻按摩牙龈，缓解这种不适的感觉。

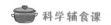

Q：宝宝吃辅食常常会干呕，有一次玩耍的时候还把两个小时前吃的辅食全吐了，这正常吗？

A： 宝宝年龄越小，口腔中触发干呕反射的位置越靠前。如果喂食时勺子伸入宝宝口中太多，或者宝宝对某种味道特别敏感就容易引起干呕了。家长可以尝试多提供混合型食物，不令某种食物的味道太突出。如果喂食经常引发干呕，应该鼓励宝宝抓握手指食物自主进食，由他控制每次吃的量和频率。由于小宝宝胃部特殊的生理结构，在进食过快、趴着运动、忽然改变体位等情况下都容易引起呕吐。面对这种情况家长都会紧张，但这大多是偶然现象，宝宝并不会感到强烈不适。呕吐后暂时不要让宝宝进食，注意安抚情绪。如果宝宝吃了某种食材后总是呕吐，说明他可能对这种食材过敏，需要停止喂这种食物。

Q：宝宝添加米粉后两天没排便了，家长该怎么做？怎么区分正常和异常的便便呢？

A： 宝宝开始吃奶类以外的食物后，每次都可能排出"新款"便。排便的时间间隔，大便的颜色和性状都会随着所吃食物的不同而发生变化。在添加辅食的半年内，宝宝的大便情况大多不稳定，呈糊状或条状的大便都是正常的。宝宝吃过香蕉后便便里会出现形似小虫的黑线，吃过红心火龙果后尿液和便便会带有紫红色，这都是正常的，家长千万别被吓到了。

如果宝宝在排便时痛苦哭闹，排出坚硬干燥的颗粒状大便，有时还带有暗红色血迹，说明宝宝有便秘的可能，需要排查最近添加的辅食，并进行食材的合理搭配。必要时可以咨询医生、外用开塞露、服用乳果糖等。

如果宝宝排出像南瓜汤样的稀便，在尿不湿上几乎看不到干物质，排便次数也比平时明显增加，要警惕可能是发生了腹泻。

如果宝宝排出的便便里出现大量未消化的食物残渣，说明目前给予宝宝的食物过于粗糙，需要进一步细化处理。如果宝宝还排出其他可疑的便便，应该及时送到医院进行化验。

Q：宝宝反复起湿疹，吃辅食需要避开哪些食物？

A： 宝宝皮肤的屏障功能尚不完善，水分容易散失，犹如一张干裂多缝、薄而易破的纸巾，一旦被攻破，就容易发生局部的皮肤病变。如果皮肤发生破损或者湿疹变得严重，要及时看医生。如果宝宝的湿疹在吃了某种食物后明显加重，停止食用这种食物后能缓解，则要暂停这种食物的摄入。在没有明确食物与湿疹的关系前，不要盲目给宝宝忌口。多样化的食物能让宝宝获得更全面的营养，对控制湿疹很有帮助。

Q：宝宝出现哪些情况需要暂停添加辅食？

A：有些宝宝在进食某些食物后会出现不良反应，比如腹胀、腹泻、呕吐、出荨麻疹、嘴唇肿胀等。如果出现以上情况应该先及时治疗，待宝宝反应消退后再尽快排查出"元凶"。减少可疑食材的食用量后，如果仍然有反应，则要等至少3个月再尝试。如果反应明显减轻或消失，则可以继续适量食用。

Q：吃辅食后每天要给宝宝喂多少水？

A：7~12个月的宝宝如果每天喝奶量在600mL以上，辅食添加合理且摄入量正常，则不需要给宝宝额外喝很多水。如果宝宝的尿液微黄或无色，嘴唇、眼球湿润，吞咽食物顺利，精神状态良好，说明宝宝并不缺水。

添加辅食后可以开始培养宝宝喝水的习惯，比如吃完辅食后用小勺喂宝宝几口水清洁口腔；用鸭嘴杯、吸管杯或小杯子装些白开水让宝宝学习自己喝水，这样宝宝到1岁就能自然接受并且习惯喝水了。

第3节 8个月，开始享受每天的辅食时光

经过1个月的磨合，宝宝已经开始逐渐享受每天的辅食时光了。约一半的宝宝在8个月时从一天1次辅食增加到一天2次辅食。这个月应该继续丰富宝宝的辅食餐单，每顿辅食都可以搭配多种食材。食物性状可以从细腻的泥糊过渡到粗糙的泥糊，让宝宝逐渐学会初级的咀嚼动作。虽然宝宝辅食的摄入量逐渐增多，但也要保证摄入充足的奶，要持续关注宝宝的生长曲线。

适合宝宝的食物性状

经过上个月的进食锻炼，这个月宝宝的进食技能多少得到了提升，除了少量较难咀嚼的食材需要打成细腻的泥糊外，大部分食物都不再需要搅打和过滤了，可以用研磨碗或压蒜器将食材处理成粗糙的泥糊，让宝宝逐步适应颗粒粗糙的口感，练习咀嚼。

研磨碗或压蒜器可以很方便地处理小分量的辅食，这意味着不用再储存大量的辅食冰块，可以给宝宝吃新鲜食物了。随着添加食物种类的增多，宝宝每顿辅食可以尝的味道也丰富起来了。

蛋黄末　　　　豆腐泥　　　　胡萝卜泥　　　　鸡肉泥　　　　豇豆泥

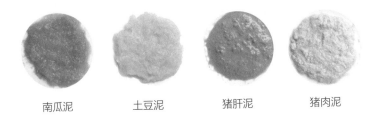

南瓜泥　　　土豆泥　　　猪肝泥　　　猪肉泥

可以尝试的食物类型

除了米糊，8个月的宝宝可以尝试粥和颗粒面。粥和颗粒面都是质地柔软、略带颗粒感的辅食，只需要添加不同食材就能做出多种多样的粥和面了。

1. 百变营养粥

粥富含水分，常与饼、包子等食物搭配。在宝宝生病时，一碗口感软烂好消化的蔬菜肉末粥无疑是补充营养的最佳选择。宝宝大一些时，容易舀又不易洒落的稠粥还能帮助宝宝练习使用勺子。

随着宝宝月龄的增大，可以从十倍粥（适合8个月左右的宝宝）逐渐变为八倍粥（适合9个月左右的宝宝），再到六倍粥（适合11个月左右的宝宝）。增加粥的粗糙度可以锻炼宝宝的咀嚼能力，如果宝宝吃起来比较困难，可以用搅拌棒或研磨碗处理得再细腻一些。

粥的制作公式：主料+液体+辅料=粥

主料：大米、小米、薯类（红薯、紫薯等）、全谷物（燕麦片、黑米等）、杂豆（红豆、绿豆等）等。

液体：水、高汤、奶（煮好主料后滤去水分加奶）。

辅料：水果（梨、香蕉等）、果干（葡萄干、红枣等）、蔬菜（胡萝卜、南瓜等可以和粥一起煮；叶类蔬菜等粥快做好时加入，同煮几分钟即可）、肉类（猪肉、虾肉等可以在粥快做好时加入，同煮几分钟即可）、坚果（核桃、花生等要在刚开始煮粥时加入，以便充分煮烂）、调味粉（黑芝麻粉等）。

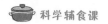
以下是适合8个月宝宝的辅食粥及制作方法举例。

牛肉二米粥

🍎 食材

大米、小米、番茄、豌豆、牛肉

🍲 做法

● 番茄洗净去皮切碎，豌豆洗净，大米、小米淘洗一次后加入适量水，再放入切碎的番茄和豌豆一起煮。

● 牛肉洗净剁碎，在粥快熟时放入锅中搅拌均匀，同煮5分钟出锅。

红枣银耳杂粮粥

🍎 食材

大米、紫薯、银耳、花生、红枣

🍲 做法

● 红枣洗净去核切碎，银耳泡发后切碎，紫薯洗净去皮切成小块，花生除去红衣。

● 大米淘洗一次后加入适量水，再放入上述所有食材一起煮。

小贴士

- 没有高压锅时，可以将不容易煮软的粮食洗干净后加水，放入冰箱中冷藏8小时，等粮食充分吸水膨胀后就容易煮软了。
- 如果是在炖盅或电饭锅中预约煮粥，注意不要过早加入全谷，预约时间也不宜提前太久。建议冬季预约时长不超过5小时，夏季不超过2小时。
- 小火慢熬的粥口感好，但制作至少需要花费半小时。家长一个人带娃时，常会忘记看火候，下面分享一个快速煮粥的小方法：将大米提前淘洗干净滤出水分，直接放入冰箱冷冻室。几个小时后，米粒的内部结构会破坏，取出来只需煮10分钟，米粒就会开花，完美解决了煮粥时间长的问题。

2. 口感软烂的颗粒面

辅食类颗粒面小而匀称，非常容易煮烂，和粥的口感相似，适合作为从泥糊状辅食到下一性状辅食的过渡食物。颗粒面是由小麦粉制成的，尝试颗粒面也意味着宝宝要尝试小麦粉。部分宝宝对小麦过敏，添加后需要仔细观察宝宝的反应。

一些颗粒面中强化了铁，可以作为补铁的主食之一。选购颗粒面时，要注意买符合国家标准GB 10769—2010的，而且要注意配料表中是否含有宝宝未尝试过的食材。

颗粒面制作公式：面+液体+辅料=颗粒面

面：颗粒面。

液体：水、高汤、奶（颗粒面煮好后滤去水再加奶）。

辅料：蔬菜（胡萝卜、南瓜、油菜等）、肉类（猪肉、虾肉、三文鱼等）、蛋类（将鸡蛋淋入面汤做成蛋花）、调味粉（小麦胚芽粉、香菇粉、黑芝麻粉等）。

以下是适合8个月宝宝的颗粒面制作方法举例。

番茄生菜颗粒面

🍎 食材

颗粒面、番茄、生菜

🍲 做法

锅中烧水，放入颗粒面煮软。番茄洗净去皮切碎，生菜洗净切碎，一起放入面汤中煮至软烂。

三文鱼黄瓜颗粒面

🍎 食材

颗粒面、三文鱼、黄瓜、鸡汤

🍲 做法

锅中烧水，放入颗粒面煮软。倒掉大部分水，加入鸡汤煮开。三文鱼切碎，黄瓜去皮、去籽切碎，一起放入面汤中煮至软烂。

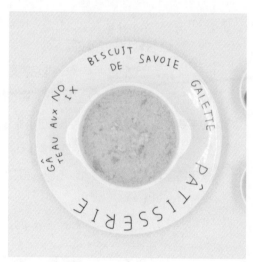

> **注意**
>
> 可以在8个月宝宝的辅食中适量加一些植物油。在颗粒面做好后滴入少量植物油拌匀，口感爽滑又香浓。

宝宝每天吃多少？

母乳或配方奶依然是8个月宝宝最主要的营养和能量来源，喝配方奶的宝宝全天喝奶量应不低于600mL，喝母乳的宝宝白天应该有4～5次亲喂，夜间有1～2次夜奶。部分宝宝已经断掉夜奶了，那么白天要稍微增加奶的摄入。

8个月的宝宝逐步适应了辅食的安排，也体验了部分食材的新口感，吃辅食会比上个月更顺利一些。有些曾嫌弃第一口辅食的宝宝，此时也开始享受美味了。

这个月宝宝的食量会有所增加，每天可以添加1～2次辅食。到本月结束时，宝宝全天辅食量为谷薯类10～20g、蔬菜类15～25g、水果类15～25g、肉或水产类10～15g、蛋黄1/2个。油不加或少量，也不需要任何调味品。

奶和辅食的时间安排

1. 辅食安排在什么时间？

宝宝8个月时的辅食安排与上个月相似，但随着宝宝长大，睡眠节奏会发生变化。有些宝宝在7个月时白天睡3次小觉，但是在8个月时白天就睡2次小觉了，辅食安排也要根据宝宝的睡眠时间做出调整。一部分家长会在上午和下午（或晚上）各安排一次辅食，可以在宝宝出门前吃，帮他们补充体力；也可以在宝宝玩耍结束饿的时候吃。对于已经慢慢接受吃辅食的宝宝，喝奶可以放在吃辅食后，吃完辅食继续喝奶到饱。

8个月宝宝辅食举例

● **每日一餐**

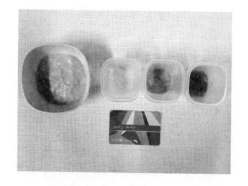

土豆番茄牛肉米糊

米粉·············· 10g
土豆·············· 5g
番茄·············· 10g
牛肉·············· 10g
油················ 1g

● **每日两餐**

| 第一餐 | 胡萝卜虾肉大小米粥 |

大米·············· 10g
小米·············· 2g
胡萝卜············ 10g
虾肉·············· 10g
油················ 1g

| 第二餐 | 芒果泥 |

芒果·············· 10g

2. 作息示例

1号宝宝哆哆

妈妈全职带

白天5次母乳、2次辅食，夜间2次夜奶。

白天3次小睡共4小时，夜间睡10小时。

7:00醒来

7:30喝奶

9:00~11:00小睡

12:00辅食+喝奶

13:30~14:30小睡

15:00喝奶

17:00~18:00小睡

18:30辅食+喝奶

20:30喝奶

21:00睡觉

2号宝宝奔奔

妈妈上班背奶

白天5次配方奶、2次辅食，无夜奶。

白天2次小睡共2小时，夜间睡11小时。

6:30醒来

7:00喝奶

9:00~9:30小睡

10:00辅食+喝奶

13:00喝奶

13:30~15:00小睡

16:30辅食+喝奶

19:00喝奶

19:30睡觉

本月食谱范例

表3.5 8个月宝宝辅食安排示例表

天数	第一餐	第二餐
1	蛋黄南瓜白菜米糊	新加：蛋黄。蛋黄是鸡蛋中的精华部分，比蛋白营养全面并且更不易过敏。虽然补铁效果不突出，但依然是种很好的食材。制作方法多样，也可以和各种主食搭配，每天都可以给宝宝安排一定的蛋类辅食
2	蛋黄土豆青菜米糊	
3	蛋黄番茄鸡肉米糊	
4	青菜蛋黄苹果米糊	新加：苹果。苹果甜中带酸的口感很容易受到宝宝欢迎。由于大多数苹果质地较硬，所以在辅食添加初期宜给予果泥、果碎，也可以将苹果煮软后食用。苹果切开后易变色，最好是现吃现切。苹果富含果胶和钾较，一年四季都能买到，可以常给宝宝吃
5	土豆苹果蛋黄米糊	
6	土豆三文鱼番茄米糊	

续表

天数	第一餐	第二餐	
7	红薯南瓜猪肉米糊		新加：红薯。红薯甜蜜柔软的味道会令很多宝宝喜欢。薯类是补钾的好来源，但也容易引起胃肠胀气，一次不要吃太多
8	红薯白菜蛋黄米糊		
9	红薯蛋黄青菜米糊		
10	猪肝番茄土豆米糊		新加：猪肝。猪肝含铁量和铁的吸收率都很高，辅食初期每周都可以给宝宝吃一两次动物肝脏来预防或纠正缺铁性贫血。如果宝宝不接受猪肝的味道，最好和其他食物泥混合着吃
11	猪肝南瓜白菜米糊		
12	蛋黄土豆青菜米糊		
13	油菜猪肉土豆米糊		新加：油菜。油菜是绿叶蔬菜中含钙量很高的品种。刚开始添加可以只取营养较高的绿色叶片部分。多吃淡味蔬菜，可以培养宝宝与蔬菜的感情，减少日后对蔬菜的抵触
14	油菜蛋黄土豆米糊		
15	油菜三文鱼南瓜米糊		
16	红薯南瓜猪肉米糊	牛油果泥	新加：牛油果。牛油果如其名，脂肪含量很高，口感会有些油腻，B族维生素和钾含量比较丰富，几乎没有特殊的味道，宝宝一般不太会拒绝。牛油果质地柔软，适合作为初期的水果类手指食物
17	土豆三文鱼蛋黄十倍粥	香蕉泥	
18	番茄白菜蛋黄米糊	苹果泥	
19	河虾番茄南瓜米糊	牛油果泥	新加：河虾。河虾肉质鲜嫩，高蛋白质低脂肪容易消化，是宝宝生病时补充营养的好选择。虾肉的腥味小，大多数宝宝都不会拒绝它的味道
20	河虾白菜土豆十倍粥	苹果泥	
21	河虾红薯青菜米糊	牛油果泥	
22	番茄青菜三文鱼颗粒面	香蕉泥	新加：面粉。小麦制成的面粉是各种面食的基础，尝试面粉后就可以极大丰富宝宝的主食花样。可以先添加符合国家标准的婴儿面，比自制面条营养更丰富
23	南瓜白菜猪肉十倍粥	苹果泥	
24	油菜番茄蛋黄米糊	香蕉泥	
25	南瓜青菜猪肉颗粒面	梨子泥	新加：梨子。水果爽脆润口、甜甜的味道让宝宝难以抗拒。梨子质地比较硬，开始可以刮泥或者煮软后给宝宝吃
26	番茄土豆蛋黄米糊	梨子泥	
27	白菜红薯猪肝米糊	梨子泥	
28	白萝卜土豆三文鱼米糊	苹果泥	新加：白萝卜。白萝卜含有较多的膳食纤维和钾，煮熟后有淡淡的甜味，口感柔软，和肉类搭配可以去除腥味。它也是初期蔬菜类手指食物的好选择
29	白萝卜油菜蛋黄十倍粥	香蕉泥	
30	白萝卜南瓜猪肉颗粒面	牛油果泥	

（1）本月每隔3天添加一种新食物，一共添加了10种食物，有2种谷薯类、2种蔬菜类、3种水果类、1种水产类、1种蛋类、1种肝脏类。由于添加辅食的季节、食材采购便利度、宝宝的饮食习惯、对食物的反应各有不同，宝宝的辅食安排也不同，妈妈可根据实际情况自行替换食物或调整食物的添加顺序。

（2）第一餐都是主食搭配其他类食物，如蔬菜、水果、肉蛋或水产等，营养更全面。本月的后半段增加了第二餐水果泥，作为下个月的过渡。第二餐的食物可以相对简单些，以免影响奶量。

Q：宝宝添加辅食快1个月了，体重没长是怎么回事？

A：宝宝体重没长，可能有如下几个原因。其一，许多宝宝的体重并不是匀速增加的，也不是每天都会变化的，体重可能是突然增加明显，然后又不怎么增加了。所以不要过于紧张，可能此时宝宝的体重正处于平稳期，可以过一星期再测量。其二，宝宝的身高体重在某一时期可能存在侧重生长。如果这个月宝宝身高增长明显，那体重就可能长得少些。其三，宝宝如果之前体重过重，添加辅食之后可能进行了自我调节，使生长曲线向合理的走势发展，所以体重增加较少。其四，部分纯母乳喂养的宝宝在前6个月体重会持续飙升，俗称"奶胖"，但在添加辅食后，体重会回落到正常区间并维持稳定。其五，一些宝宝因为吃辅食影响了奶的摄入量，导致体重增长不明显。对于特别爱吃辅食的宝宝，尤其要注意喝奶量的变化。另外，吃完辅食后要让宝宝继续喝奶到饱，保证一天的喝奶量不低于600mL。添加辅食后，家长喂给宝宝大量的水也会影响喝奶量。

Q：婆婆说奶水7个月后就没营养了，我也觉得奶越来越少，是不是该断奶了？

A：母乳是宝宝最理想的食物，母乳喂养的短期和长期健康收益都高于非母乳喂养。母乳的营养成分会随着宝宝月龄的增加而调整，以满足宝宝的营养需求，分泌量也会随着宝宝的需求而调整。添加辅食后宝宝对奶的需求逐渐降低，所以母乳分泌量减少是正常的。有妈妈因为自己不再明显地胀奶、喷奶，宝宝每次吮吸的时间变短，就怀疑自己奶不够，其实是没必要的。如果妈妈和宝宝愿意，可以一直母乳喂养到宝宝2岁甚至更久。

Q: 米粉需要吃到宝宝多大呢?

A: 宝宝开始吃粥、面条等其他主食后，米粉就不再是必需品了。由于米粉额外强化了铁，所以如果不给宝宝吃米粉了，要注意每天摄入一些富含铁的食物。

大多数宝宝在9个月左右开始拒绝吃糊状食物，也有些宝宝对米粉的喜爱能持续到1岁甚至更久。由于吞咽米糊属于相对低阶的进食技巧，对练习咀嚼帮助不大，所以大宝宝在吃米糊的同时也要注意搭配其他粗糙的食物。宝宝在出牙期、生病期、分离焦虑期等特殊时期可能会出现进食技能的暂时"倒退"，从能吃硬食物倒退到吃糊状食物，可以在倒退期给宝宝重新添加一些婴儿米粉。

第 4 章

辅食添加中期
（9～10个月）

第1节 9个月，进食能力突飞猛进

9个月，宝宝会进入到进食能力突飞猛进的阶段。9个月的宝宝已经能轻松处理泥糊状的食物了，他对食物的形状、味道、口感也有了更高的要求。部分妈妈在这个阶段开始感受到辅食制作的压力了，因为宝宝很难被一碗米糊轻易打发。经过前两个月，宝宝已经可以吃10～20种食材，妈妈可以用心地为宝宝进行食物搭配了。这个阶段大部分宝宝一天要吃两次辅食，进食量比辅食初期有所增长。他们每天都对吃饭充满热情，希望吃到更美味的食物。你准备好了吗？

适合宝宝的食物性状

经过上个月的锻炼，9个月的宝宝已经能逐渐适应粗糙的泥糊了，宝宝可以独立将粗糙的食物处理成细小的碎末了。非常软烂的食物非但不能引起宝宝的兴趣，还会减少宝宝练习咀嚼的机会，无法提升进食能力。本月龄的宝宝可以吃更粗糙的食物，食物可以用勺背碾碎或用菜刀剁成颗粒感明显的状态，以促进宝宝多进行咀嚼锻炼。

以下为适合9个月宝宝的食物性状举例。

炒蛋黄碎　　　　豆腐碎　　　　番茄碎　　　　胡萝卜碎

黄瓜碎　　　豇豆碎　　　鲈鱼碎　　　西蓝花碎

可以尝试的食物类型

宝宝可以尝试米糊之外的各类主食。粥的稠度可以从十倍粥提升为八倍粥；除了粒粒面，还可以给宝宝尝试短短的细面；另外，发糕、馒头等发酵面食也是非常好的手指食物；此外还可以用面粉做面疙瘩，锻炼宝宝的咀嚼能力；将蛋类和面粉混合，制成香喷喷的蛋饼。

1. 用细面代替颗粒面

细面要比粒粒面大，是伴随宝宝很长时间的一种主食。符合国家标准GB 10769—2010的细面很适合小月龄宝宝，你也可以自己动手制作细面。

辅食面制作公式：面+液体+辅料=辅食面

面：细面。

液体：水、高汤、奶（面煮好后滤去水分加奶）。

辅料：蔬菜（胡萝卜、南瓜、油菜等）、肉类（猪肉、虾肉、三文鱼等）、蛋类（将蛋类淋入面汤做成蛋花）、调味粉（香菇粉、黑芝麻粉等）。

推荐给大家3种面条。

1. 汤面：细面煮熟后放入配菜，就是汤面了。水分充足又食材丰富的汤面不仅可以日常食用，也是宝宝生病时补充体力和营养的好食物。

2. 炒面：将面条煮熟后捞出，浸入凉开水里防止粘连，再将配菜炒熟后加入面条翻炒，就是香气扑鼻的炒面了。

　　3. 面条饼：煮熟的面条捞出后加入面粉和鸡蛋可以做成面条饼。详细制作方法见下文。

蔬菜猪肉面

🍎 食材

细面、南瓜、猪肉、卷心菜、虾皮粉

🍲 做法

南瓜去皮切丁，卷心菜洗净切碎，猪肉剁成肉末。热锅倒油，放入洗净切好的食材翻炒，猪肉变色后向锅里加水煮沸，放入细面煮至软烂。加入虾皮粉搅拌均匀后出锅。

鸡蛋面条饼

🍎 食材

细面、面粉、鸡蛋、青菜、西葫芦

🍲 做法

细面煮熟后捞出放入凉开水中备用，青菜和西葫芦切碎炒熟备用。面粉中加入水和鸡蛋调匀成面糊，加入面条、炒好的青菜和西葫芦搅拌均匀。热锅倒油，倒入面糊摊开，两面烙熟后取出，晾凉切块。

小贴士

如何制作"米条"？

面条类食物可以很好地锻炼宝宝用叉子进食。但是有些宝宝对面粉过敏，我们可以用藕粉（藕粉具有碰到热水后变成凝胶状的特性）来制作高仿"米条"。先将米粉（或者其他杂粮粉）和藕粉按1∶1的比例混合，再加入2份水搅至糊状装入裱花袋，裱花袋前端剪去一个小口子。锅里加水，水沸腾后转小火，打圈挤入"米条"后转大火，煮至全部浮起后出锅。

---

2. 大小不同和形状各异的面疙瘩

面疙瘩是将面粉和液体混合，揉成面粒或者面块，然后煮熟的一种面食。面疙瘩的口感比颗粒面粗糙，又有别于扁长的细面。可以用面疙瘩做出大小和形状适合宝宝抓握的手指食物。

面疙瘩制作公式：粉类+液体+辅料=面疙瘩

粉类：面粉、婴儿米粉、杂粮粉（玉米面、黑米粉等）。其中面粉所占的比例不低于1/2，否则不易成型。

液体：水、高汤、奶。

辅料：蔬菜（胡萝卜、南瓜、油菜等）、肉类（猪肉、虾肉、三文鱼等）、蛋类、调味粉（香菇粉、黑芝麻粉等）。以上食材可以和粉类混合做成面疙瘩，也可以不和粉类混合，在面疙瘩煮熟后单独加到面汤里。

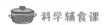

石斑鱼面疙瘩

🍎 食材

面粉、玉米面、石斑鱼、番茄、豆苗

🍲 做法

面粉和玉米面混合均匀，加适量水调成稠面糊。锅里烧水，水沸后转小火，用勺子挖小块面糊放入锅中，之后转大火煮沸。石斑鱼肉洗净切丁，番茄去皮切丁，豆苗洗净切碎，全部食材放入锅中煮至软烂。

杂蔬牛肉面疙瘩

🍎 食材

面粉、玉米、甜青豆、胡萝卜、香菇、牛肉

🍲 做法

面粉中加适量水调成稠面糊备用。胡萝卜洗净去皮、切成小块，香菇切成小块，牛肉洗净剁碎，玉米和甜青豆洗净备用。热锅倒油，放入洗净切好的所有食材翻炒，炒至牛肉变色后在锅里加水煮至蔬菜丁变软后转小火。用勺子挖取一小块面糊放入锅中，全部挖完后转大火煮3分钟。

3. 适合宝宝抓握的肉丸、肉糕

肉丸、肉糕是将肉类打成肉糜后，做成不同形状再蒸熟或煮熟的食物，切条切块后很适合当宝宝的手指食物。可以借助模具将肉糜制作成不同的形状。做好的肉丸或肉糕可以冷冻保存至少半个月，很适合烹调时间有限的全职妈妈、长辈以及保姆。

对肉腥味比较敏感的宝宝可能会拒绝肉丸和肉糕，加入葱姜水就能很好地解决这个问题。将葱姜放入水中煮沸10分钟，取出葱姜后将水冷却放凉，即成葱姜水。将其适量加至肉泥中充分混合，即可去腥提鲜。

肉泥最终的稠度是影响成品口感的重要因素。用"上劲"的肉泥做出来的食物口感Q弹、致密，没有上劲的肉泥缺乏黏性，做出的食物容易破碎且柔软松散。上劲是在制作好的肉泥中加入各种配料，混合均匀并朝一个方向不断搅拌，直到感觉到有阻力。

肉丸、肉糕的制作公式：肉类+增稠原料+辅料=肉丸、肉糕

肉类：猪肉、牛肉、鸡肉、虾肉、鱼肉等。

增稠原料：淀粉、全蛋液、蛋清等。

辅料：葱姜水、蔬菜（胡萝卜、南瓜、油菜等）、调味粉（香菇粉、黑芝麻粉等）。

除了丸子，还可以用香肠模具做肉肠，用方形容器做肉糕后切片切条，让宝宝感受不同的形状。

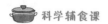
胡萝卜黄瓜虾丸

🤚 食材

基围虾、胡萝卜、黄瓜、淀粉

🍲 做法

活基围虾去头去壳、挑去虾线并洗净，胡萝卜洗净去皮切块，黄瓜去皮去籽切块。所有食材放入搅拌机搅打成泥后，加入淀粉搅拌均匀。锅里烧水，水开后转小火。戴上一次性手套，取适量虾泥在手心，合拢拳头，从虎口位置挤出圆形的丸子放入水里。全部放完后转大火煮熟。

秋葵猪肉肠

🤚 食材

猪肉、秋葵、淀粉、虾皮粉

🍲 做法

猪肉洗净切块，放入搅拌机中搅打成肉泥，在肉泥中加入淀粉和虾皮粉搅拌均匀。秋葵洗净煮熟，取出晾凉后切成适合模具的长度。在香肠模具内抹一层薄油（方便脱模），填入一半肉泥后放入秋葵，再填入另一半肉泥抹平表面。放入蒸锅蒸熟，取出放凉后切成小段。

4. 可以加入各种配菜的软饼

● **普通面饼**

饼的原料可以很丰富，粉类和蔬菜、水果、肉类、蛋类等都可以混合搭配。饼可以制作成多种形状，给宝宝当手指食物也很合适。

加了鸡蛋的面饼颜色亮丽、香气浓郁、口感软嫩，比没加鸡蛋的面饼更适合宝宝食用。全蛋面糊比只加蛋黄的面糊稀，如果宝宝没吃过蛋清也可以只加蛋黄。直接把鸡蛋打入面粉中搅拌会使面粉结块，应该先在面粉中加入适量液体，搅拌均匀后再加入鸡蛋。

饼的烹调时间短，因此不容易熟的肉类、块状蔬菜等辅料要提前处理到半熟或全熟。另外，食材处理得越小越容易熟，例如把土豆擦成细丝可以直接和粉类混合煎成饼，擦成粗丝则需要先处理到半熟再做成饼。

饼的制作公式：粉类+液体+辅料=饼

粉类：面粉、婴儿米粉、杂粮粉（玉米面、黑米粉等）。其中面粉所占的比例不低于1/2，否则不易成型。

液体：水、高汤、奶、蛋液。

辅料：蔬菜（胡萝卜、南瓜、油菜等）、肉类（猪肉、虾肉、三文鱼等）、调味粉（香菇粉、黑芝麻粉等）。

● **松饼**

松饼比普通面饼蓬松柔软，很适合在辅食添加初期锻炼宝宝的咀嚼能力。松饼的横截面会呈现满是小孔洞的"蜂巢"结构，形成这种结构的关键是让面糊包裹空气。包裹空气的面糊在加热过程中会将气体"锁"在里面，熟了之后饼就能像海绵一样蓬松了。一般会用打发蛋白、酵母发酵、加泡打粉等方法让面糊包裹空气。

菠菜胡萝卜蛋饼

🍎 食材

面粉、鸡蛋、菠菜、胡萝卜

🍲 做法

菠菜洗净焯熟切碎，胡萝卜洗净去皮蒸熟切碎。面粉加水和鸡蛋搅拌均匀，放入切碎的菠菜和胡萝卜搅拌成酸奶状的面糊。热锅倒油，倒入面糊，两面煎熟。

香蕉松饼

🍎 食材

面粉、鸡蛋、香蕉

🍲 做法

香蕉去皮切碎，鸡蛋分离出蛋黄和蛋清分别放置。面粉中加适量水，再加入蛋黄和香蕉碎搅拌均匀。蛋清用电动打蛋器沿反方向搅打至湿性发泡（提起打蛋器，末端的蛋清呈现弯钩状），用翻拌的方式（类似炒菜的动作）将打发好的蛋清和面糊混合成顺滑的面糊。热锅倒油，倒入面糊两面煎熟。

5. 家庭中的常见主食：馒头

馒头作为最常见的发酵面食，很适合让宝宝抓着吃。馒头经过发酵，维生素B_1含量明显增加，其中妨碍钙铁锌等矿物质吸收的草酸也被分解了，提高了矿物质的吸收率，增加了馒头的营养价值。

馒头的制作公式：粉类+酵母液+辅料=馒头

粉类：面粉、婴儿米粉、杂粮粉（玉米面、黑米粉等）。其中面粉所占比例不低于2/3。

酵母液：在干酵母中加入适量的温水或温奶（100g粉类加入1g酵母）。

辅料：辅食泥（胡萝卜泥、南瓜泥、紫薯泥等）、调味粉（核桃粉、黑芝麻粉等）。

馒头通常用中筋面粉制作，液体加入量一般为粉类总重量的一半。干酵母和粉类的用量比例一般为1：100，即100g粉中加入1g酵母。

小贴士

做馒头的注意事项

● 用手指戳面团，戳下去时凹洞不会回缩，面团周围也不会塌陷就表示第一次发酵好了。

● 二次发酵可以让馒头的口感更松软。

● 可以提前在蒸锅里垫上蒸笼布、油纸或者刷一层油，这样取下蒸好的的馒头时，表皮不容易撕破。

● 蒸熟的馒头放凉后可以冷冻保存，吃时取出加热一下也很方便。

南瓜馒头

🍎 食材

面粉、南瓜、干酵母、配方奶

🍲 做法

按比例冲调好配方奶，放至微温，加入酵母粉充分混合制成酵母液。南瓜去皮、蒸熟、压成泥后放凉。面粉、南瓜泥中加入酵母水搅拌均匀，揉成比较光滑的面团，放在温暖处发酵至两倍大。充分揉面排出空气，直至面团变得光滑，切开时截面没有大气孔即可。将面团揉搓成长条，切成大小均匀的方形，将其放在温暖处第二次发酵至稍稍膨大，放入蒸锅蒸熟。

紫薯馒头

🍎 食材

面粉、紫薯、干酵母

🍲 做法

在干酵母中加入适量温水使之充分溶解。紫薯洗净去皮，放入锅中蒸熟取出压成泥后放凉备用。面粉中加入紫薯泥和酵母液搅拌均匀，揉成比较光滑的面团，放在温暖处发酵至两倍大。充分揉面排出空气，直至面团变得光滑，切开时截面没有大气孔即可。将面团揉搓成长条，切成合适的大小后搓圆，将其放在温暖处第二次发酵至稍稍膨大，放入蒸锅蒸熟。

6. 口感柔滑的蛋羹

添加蛋黄后宝宝若没有出现不良反应，就可以食用蛋羹了。在蛋黄或全蛋中加入水或奶，可以让蛋羹口感柔滑，还可以在其中加入各种配菜以丰富营养。

蛋羹制作公式：蛋类+液体+辅料=蛋羹

蛋类：鸡蛋黄、鸡全蛋、鹌鹑蛋等。

液体：水、奶、高汤。

辅料：蔬菜（胡萝卜、南瓜、油菜等）、肉类（猪肉、虾肉、三文鱼、花蛤等）、调味粉（香菇粉、虾皮粉等）。

用上下口径一致的容器蒸蛋羹效果更好，因为受热更均匀。蛋羹通常只需要蒸10分钟左右，所以不太容易熟的肉类或块状蔬菜等辅料要先处理到半熟或全熟。

小贴士

蒸蛋羹的注意事项

● 要想让蛋羹更细腻柔滑，可以将搅拌好的蛋液过滤一下并撇去浮沫。

● 覆盖保鲜膜是为了不让产生的水蒸气回滴到蛋羹中，保持蛋羹的表面平滑。

● 注意不要在蛋液中加入太烫的水，否则会形成蛋花。

● 蒸蛋羹的时间不要太长，蛋羹过老会影响口感，将筷子插入蛋羹中感受一下，只要中间不再是流动状态就是熟了。

西蓝花蛋羹

🍎 食材

黄瓜、西蓝花、鸡蛋

🍲 做法

西蓝花洗净切成碎末，黄瓜洗净去皮切成碎末。鸡蛋打散，加入2倍于蛋液体积的温水搅拌均匀，再放入西蓝花和黄瓜碎，放入锅中蒸熟。

海鲜豆腐羹

🍎 食材

鸡蛋、花蛤、豆腐、河虾、彩椒

🍲 做法

花蛤洗净下锅煮熟后将肉取出切碎，豆腐和彩椒分别煮熟后切碎。河虾去头，去虾线洗净后下锅煮熟，剥出虾仁切碎，将虾汤放至温热备用。鸡蛋打散，加入2倍于蛋液体积的虾汤搅拌均匀，在容器上部覆盖保鲜膜后上锅蒸熟。将豆腐、彩椒、花蛤、虾仁放在蛋羹上一起食用。

7. 蓬松柔软的发糕

发糕是不用和面，揉面，制作起来相对简单的发酵面食。发糕蓬松柔软，造型多样，适合给宝宝当手指食物。

发糕可以用中筋面粉或低筋面粉制作，对小麦过敏的宝宝也可以用大米粉、黑米粉、玉米粉等制作。如果宝宝不喜欢蔬菜，可以在发糕中加入蔬菜泥和蔬菜碎末，但不可以加入过大的蔬菜粒，因为会影响发糕发酵。粉类和酵母的用量比例一般为100：1。小分量的酵母难以称量，可以购买专用的烘焙量勺或者酵母量勺。

发糕制作公式：粉类+酵母液+辅料=发糕

粉类：面粉、粳米粉、杂粮粉（玉米面、全麦粉等）。

酵母液：在干酵母中加入适量温水或温奶（100g粉中加入1g酵母）。

辅料：辅食泥（胡萝卜泥、南瓜泥、紫薯泥等）、调味粉（香菇粉、黑芝麻粉等）。

延伸阅读

制作发糕失败的常见原因

● 发酵时间过长。如果面糊发酵过度的话，会出现很大的气孔，闻起来有酸味。

● 面糊太稀。如果液体加入太多（液体超过粉类的重量），会导致发糕无法发酵或者蒸好后很快塌陷。

● 蒸馏水回滴。蒸制过程中蒸馏水回滴也会造成发糕中心特别湿润，容易凹陷。可以用透气竹蒸笼，或者在面糊上盖纱布或者盖保鲜膜蒸。

● 酵母失活。酵母在较高的室温下容易失活，酵母应该放在阴凉处或冰箱里。如果溶解酵母的水温太高，或者加入的辅食泥温度太高，酵母也会失活，整个制作过程要控制温度。

● 环境温度太低。如果发酵了很长时间面糊的体积都没有变大，可能是因为环境温度太低，需要将其移到温暖的环境中。

枣泥发糕

食材

面粉、红枣、干酵母

做法

红枣洗净下锅蒸熟后去皮去核，压成细腻的枣泥备用。在干酵母中加入适量温水使之充分溶解，再倒入面粉和枣泥搅拌成均匀的面糊。将面糊倒入模具后放在温暖处发酵至两倍大，放入蒸锅蒸熟，取出晾凉后切块。

豆沙夹心发糕

食材

玉米面、红豆、配方奶、干酵母

做法

红豆淘洗一遍下锅煮至软烂，研磨成豆沙备用。按比例冲调好配方奶放至温热，加入干酵母使之充分溶解，倒入玉米面搅拌成黏稠的玉米糊。将一半玉米糊倒入模具内再均匀铺上豆沙，然后倒入另一半玉米糊，放在温暖处发酵至两倍大。放入蒸锅里蒸熟，取出晾凉后切块。

宝宝每天吃多少？

母乳或配方奶依然是9个月宝宝最主要的营养和能量来源，宝宝全天喝奶量在600mL左右，喝母乳的宝宝白天应该有4~5次亲喂，夜间有1~2次夜奶。到本月结束时，宝宝全天辅食量为谷薯类15~30g、蔬菜类20~30g、水果类20~30g、肉或水产类15~30g、蛋黄1个、油5g，不加任何调味品。

这个月宝宝的食量比上个月更大，每天逐渐稳定吃2次辅食，有的宝宝会吃3次。本月依然是每隔2~3天添加一种新食物，可以添加软饼、发糕、细面等主食。

9个月宝宝辅食举例

● 每日两餐

第一餐	菠菜蘑菇蛋黄细面
	黄瓜条
	香蕉

面条..........10g	油..............2g
菠菜............5g	黄瓜............5g
蘑菇............5g	香蕉..........15g
蛋黄........1/2个	

第二餐	南瓜鸡肉八倍粥
	胡萝卜条
	猪肉丸

大米..........10g	油..............2g
南瓜............5g	胡萝卜........5g
鸡肉............5g	猪肉..........10g

每日三餐

第一餐 生菜三文鱼米粉面粉饼
蛋黄羹
西蓝花掰成小朵

米粉	10g	油	2g
面粉	4g	蛋黄	1个
生菜	5g	西蓝花	5g
三文鱼	5g		

第二餐 芦笋青菜猪肉六倍粥
馒头
四季豆条

大米	10g	油	2g
芦笋	5g	馒头	5g
青菜	5g	四季豆	5g
猪肉	10g		

第三餐 苹果碎

苹果...........20g

奶和辅食的时间安排

1. 辅食安排在什么时间？

9个月的宝宝一般在上午和下午各睡1次小觉，辅食安排可以根据睡眠时间灵活调整。这个月许多宝宝会引入手指食物，进食速度较慢，因此建议将辅食安排在宝宝睡醒后心情比较好的时候。

2. 先吃奶还是先吃辅食？

随着宝宝辅食量的增加，可以逐步用1次辅食完全代替1次奶，即吃完辅食后只喝少量的奶或者不再喝奶。如果宝宝全天吃两次辅食，可以1次完全代替喝奶，1次吃完后继续喝奶到饱。如果宝宝全天吃3次辅食，可以1次完全代替喝奶，其余2次吃完后继续喝奶到饱。能代替喝奶的一餐辅食应该包含主食、蔬菜或水果、肉类或蛋类，能提供较全面的营养。

3. 作息示例

1号宝宝瑄瑄

妈妈全职带

白天4次配方奶、2次辅食，无夜奶。
白天3次小睡共2.5小时，夜间睡10.5小时。
6:00醒来
6:30喝奶
8:00~9:00小睡
10:00辅食＋喝奶
12:00~12:30小睡
14:00喝奶
15:00~16:00小睡
17:00辅食
19:00喝奶
19:30睡觉

2号宝宝悦辰

妈妈上班背奶

白天5次母乳、2次辅食，夜间2次夜奶。
白天2次小睡共2小时，夜间睡11.5小时。
7:00醒来
7:30喝奶
9:30喝奶
10:00~11:00小睡
11:30辅食
13:30喝奶
14:00~15:00小睡
16:00辅食＋喝奶
19:00喝奶
19:30睡觉

本月食谱范例

表4.1　9个月宝宝辅食安排示例表

天数	第一餐	第二餐	
1	油菜山药蛋黄八倍粥、白萝卜条	白菜红薯猪肉粒粒面、香蕉条	新加：山药。山药作为薯类的一种，含有较多淀粉，钾含量和膳食纤维也比较丰富。可以和其他食材混合食用，增加顺滑口感，也可以代替一部分主食
2	南瓜猪肉土豆米粉疙瘩、虾丸、南瓜条	青菜山药河虾细面、香蕉条	
3	番茄土豆猪肉八倍粥、白发糕	油菜猪肝蛋黄饼、牛油果条	
4	白萝卜蛋黄白菜八倍粥、香蕉条	菠菜南瓜河虾米粉饼、牛油果条	新加：菠菜。菠菜是深绿色蔬菜的代表，含有丰富的叶酸、胡萝卜素等营养素。经常接触绿色蔬菜可以减少宝宝的挑食。家庭自制菠菜泥应注意购买新鲜食材并及时放入冰箱保存
5	红薯青菜河虾蛋黄饼、白萝卜条	白菜山药三文鱼粒粒面、牛油果条	
6	菠菜番茄土豆粒粒面、猪肉丸	白馒头、白菜南瓜蛋黄羹、牛油果条	
7	牛肉青菜红薯八倍粥、白萝卜条	番茄三文鱼米粉饼、油菜蛋黄羹、香蕉条	新加：牛肉。牛肉含有丰富的优质蛋白质、血红素铁和B族维生素
8	白馒头、南瓜红薯蛋黄八倍粥、牛油果条	番茄菠菜猪肝粒粒面、青菜鸡肉丸	
9	牛肉番茄山药粒粒面、白发糕、南瓜条	青菜白萝卜河虾米粉饼、白菜蛋黄羹、香蕉条	
10	河虾油菜南瓜八倍粥、蛋黄羹、草莓片	菠菜红薯细面、青菜鸡肉丸、香蕉条	新加：草莓。草莓酸甜可口的味道相信大部分宝宝都不会拒绝。应季或反季的草莓都可以选择，应季的口感更好一些，维生素C的含量也比较丰富
11	牛肉白菜南瓜八倍粥、白馒头、牛油果条	菠菜猪肉米粉饼、油菜蛋黄羹、土豆条	
12	番茄青菜蛋黄米粉面疙瘩、南瓜发糕、白萝卜条	菠菜山药牛肉细面、白菜虾丸、草莓片	

续表

天数	第一餐	第二餐	
13	冬瓜白菜蛋黄红薯八倍粥、南瓜馒头、香蕉条	青菜番茄三文鱼米粉面疙瘩、土豆条、草莓片	新加：冬瓜。冬瓜是时令蔬菜，做熟后口感软嫩甘甜，也适合给宝宝做成手指食物。冬瓜含水量高，平时用来炖汤、压成泥做辅食原料都很好
14	冬瓜青菜猪肉细面、香蕉条、土豆条	山药番茄鸡肉米粉饼、油菜蛋黄羹、牛油果条	
15	冬瓜土豆牛肉米粉面疙瘩、红薯条、香蕉条	油菜南瓜河虾米粉饼、白菜蛋黄羹、草莓片	
16	菠菜土豆鸡肉细面、白发糕、冬瓜条	番茄南瓜蛋黄小米八倍粥、土豆条、草莓片	新加：小米。给宝宝开始添加杂粮时，小米是一个很好的选择。小米的B族维生素、铁等营养素含量都比大米高出很多，而且口感不粗糙，不容易增加消化负担
17	蛋黄青菜菠菜米粉面疙瘩、白菜虾肉丸	猪肝红薯冬瓜细面、草莓片、南瓜条	
18	油菜河虾小米八倍粥、白馒头、白萝卜条	南瓜土豆鸡肉米粉饼、白菜蛋黄羹、香蕉条	
19	南瓜小米鸡肉八倍粥、白发糕、香蕉条	菠菜白菜蛋黄细面、土豆条、西瓜条	新加：西瓜。西瓜的甜味和饱满的水分，令它成为最受宝宝欢迎的水果之一，同时也是水果类手指食物的好选择
20	冬瓜白菜虾肉米粉饼、油菜蛋黄羹、西瓜条	番茄菠菜三文鱼米粉面疙瘩、香蕉条、土豆条	
21	白菜南瓜梨子 蛋黄八倍粥、白发糕、白萝卜条	青菜番茄猪肝细面、菠菜三文鱼丸、西瓜条	
22	油菜胡萝卜猪肉米粉饼、白菜蛋黄羹、土豆条	鸡肉白萝卜菠菜细面、香蕉条、红薯	新加：胡萝卜。胡萝卜是橙色蔬菜的代表，富含胡萝卜素，可以在宝宝体内转化为维生素A，维持暗视力和增加抵抗力。胡萝卜有股"怪味"，可以和其他食材混合处理
23	胡萝卜油菜鸡肉米粉面疙瘩、菠菜三文鱼丸、牛油果条	土豆白菜蛋黄粒粒面、发糕、草莓片	
24	梨子菠菜小米八倍粥、胡萝卜鸡肉丸、香蕉条	青菜番茄米粉蛋黄饼、牛油果条、土豆条	
25	木耳番茄河虾细面、白发糕、胡萝卜条	白菜冬瓜山药米粉面疙瘩、菠菜蛋黄羹、西瓜条	新加：木耳。菌藻类食物的营养价值很高，尤其含有丰富的膳食纤维可以预防宝宝发生便秘。但菌藻类食物较难咀嚼，要根据宝宝能力调整大小
26	油菜梨子蛋黄小米八倍粥、白馒头、牛油果条	木耳冬瓜三文鱼粒粒面、胡萝卜鸡肉丸、草莓片	
27	青菜番茄蛋黄米粉饼、土豆条	菠菜冬瓜鸡肉粒粒面、白发糕、香蕉条	

续表

天数	第一餐	第二餐	
28	鳕鱼菠菜番茄八倍粥、胡萝卜条、香蕉条	南瓜白菜鸡肉米粉面疙瘩、土豆三文鱼丸、草莓片	新加：鳕鱼。鳕鱼少刺而肉质细嫩鲜美的一种鱼类，含有一定的DHA，不论是直接蒸、做鱼丸还是搭配面条、粥等主食都很不错
29	冬瓜胡萝卜鸡肉细面、白菜蛋黄羹、土豆条	鳕鱼青菜木耳小米八倍粥、白馒头、牛油果条	
30	油菜胡萝卜蛋黄红薯八倍粥、菠菜三文鱼丸、山药条	鳕鱼白菜土豆粒粒面、牛油果条、草莓片	

（1）本月每隔3天添加一种新食材，一共添加了10种，有2种谷薯类、4种蔬菜类、1种禽畜肉类、2种水果类、1种水产类。由于添加辅食的季节、食材采购便利度、宝宝的饮食习惯、口感喜好和对食材的反应各有不同，宝宝的辅食安排也不同，妈妈可根据实际情况自行替换食材或调整食材的添加顺序。

（2）辅食从本月开始稳定为两餐。每餐都搭配一定量的主食、蔬菜或水果、肉蛋水产类。

（3）建议每餐都给宝宝准备一些手指食物。

（4）添加过蛋黄后，每天都可以吃一些蛋黄。

妈咪问，苏蒂答

Q：宝宝这个月要打麻风疫苗，医生说要吃过全蛋才可以，9个月的宝宝能吃蛋清了吗？

A：最新版的麻风疫苗接种禁忌说明中已经删除了鸡蛋过敏这一项，即使宝宝没有吃过全蛋或者蛋黄，也可以正常进行接种。以前的辅食喂养观念认为：蛋清很容易引起过敏，应该晚些添加，不过越来越多的研究证明，延迟添加容易引起过敏的食物并不能降低宝宝对这种食物过敏的发生率。《中国居民膳食指南

2016版》提出，宝宝能良好适应蛋黄后就可以尝试蛋清，不需要等到1岁。蛋清在制作辅食中有特殊的作用，比如和肉泥混合后可以使成品的口感更柔嫩、打发的蛋白可以做成松饼和蛋糕、炒全蛋比炒蛋黄味道更好等。

Q：需要给宝宝补充DHA吗？

A：《中国居民膳食营养素参考摄入量》建议婴幼儿每日DHA的适宜摄入量为100mg。DHA的最佳来源是母乳，哺乳妈妈服用DHA补充剂或者每周至少吃两次海产品，就能为宝宝提供较丰富的DHA了。宝宝也可以从添加了DHA的配方奶中获取部分DHA。宝宝添加辅食后，DHA的主要食物来源为富含脂肪的鱼类，如三文鱼、鳕鱼、鳗鱼、秋刀鱼、小黄鱼、带鱼等，每周可以给宝宝吃2次鱼；鸡蛋中也含有少量DHA，每天可以给宝宝吃1个蛋黄或1个鸡蛋；富含α-亚麻酸的植物油如亚麻籽油、紫苏油，也可以在体内微量转化为DHA。

如果母乳妈妈不能摄入充足的DHA，或者宝宝从配方奶中获得的DHA的量与推荐量相差较多，又或者宝宝对海鲜、鸡蛋等食物过敏，可以在咨询医生或营养师后给宝宝服用DHA补充剂。

Q：给宝宝吃豆制品会导致性早熟吗？

A：大豆异黄酮的作用和人体雌激素相比实在是"小巫见大巫"，而且含量很有限。日常进食豆制品不会改变宝宝体内的激素水平，更不会导致性早熟。但由于豆制品中含有"胀气因子"，一次吃太多会让宝宝有肚子胀的感觉，所以每次吃少量，一周吃几次即可。给宝宝吃的豆腐，可以选择南豆腐（石膏豆腐）和北豆腐（卤水豆腐），营养价值比内酯豆腐高。大一些的宝宝也可以吃豆腐干、豆腐皮等。豆浆会将大豆的营养成分稀释很多倍，不要给小月龄的宝宝喝太多。

Q：宝宝好像喜欢吃甜的东西，辅食可以加一些糖吗？

A：糖是一种只能提供能量的调味品，白糖、红糖、蜂蜜等都属于此类。给1岁以下的宝宝制作辅食，不需要添加盐、糖、味精、酱油等调味品。在辅食中额外添加糖会使宝宝嗜好甜味，久而久之宝宝会拒绝未经过调味的天然食物。许多天然食物都带有甜味，可以作为天然调味品加到辅食中，比如南瓜、紫薯、香蕉等。

10个月，努力提高辅食的能量密度

10个月的宝宝进入了大动作发育的迅猛期，他们擅长爬行甚至能站立一会儿。从这个月起，宝宝对食物的质地和口感更敏感了，要提供多种食物给他们尝试，提高宝宝的进餐兴趣。此外，要努力提高辅食的能量与营养密度，这样才能保证宝宝茁壮成长。

适合宝宝的食物性状

10个月的宝宝已经能尝试含水量少、质地更硬的小碎块状食物了，再搭配合适的手指食物，可以很好地锻炼他们的咀嚼能力。本月适合吃的大部分食材可以处理成边长约0.5cm的颗粒状。

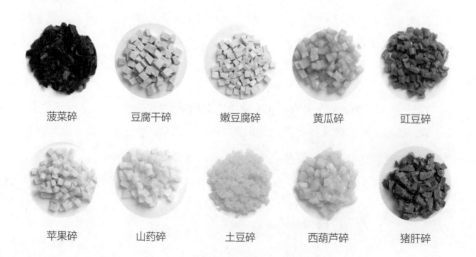

菠菜碎	豆腐干碎	嫩豆腐碎	黄瓜碎	豇豆碎
苹果碎	山药碎	土豆碎	西葫芦碎	猪肝碎

可以尝试的食物类型

宝宝上个月尝试了手指食物，进行了自主进食的锻炼，这个月可以将手指食物逐渐变小，增加片状、块状的食物以鼓励宝宝用手指捏起食物。为了锻炼宝宝的咀嚼能力，辅食的粗糙度也应该进一步提升，比如煮粥时粥的稠度从八倍粥变为六倍粥、新增加较大的蝴蝶面以及小馄饨。

1. 形状更立体的蝴蝶面

蝴蝶面是将较厚的面片处理成卡通造型，它比细面、颗粒面的个头更大、形状更立体，所以更适合宝宝抓起来吃。符合国家婴幼儿辅食标准GB 10769—2010的成品蝴蝶面以及自制蝴蝶面都可以选择。

蝴蝶面和细面、颗粒面一样，要先煮熟再加入各种配料。注意：蝴蝶面的蝴蝶结部位比较厚实，让这部分充分软烂需要煮更长时间。

蝴蝶面制作公式：面+液体+辅料=蝴蝶面

面：蝴蝶面。

液体：水、高汤、奶（蝴蝶面煮好后滤去水分加奶）。

辅料：蔬菜（胡萝卜、南瓜、油菜等）、肉类（猪肉、虾肉、三文鱼等）、蛋类（将蛋类淋入面汤做成蛋花）、调味粉（香菇粉、黑芝麻粉等）。

排骨汤蝴蝶面

🍎 **食材**

猪小排、胡萝卜、蝴蝶面

🍲 **做法**

胡萝卜洗净去皮切成小块备用。猪小排洗净切段，冷水下锅，焯水撇去浮沫。待小排炖煮软烂后加入胡萝卜和蝴蝶面，继续小火煮10分钟。

虾仁蝴蝶面

🍎食材

蝴蝶面、西蓝花、南瓜、基围虾

🍲做法

蝴蝶面煮熟后放入凉水中备用。西蓝花洗净切成小朵，南瓜洗净去皮切成小块，基围虾去头去壳，挑去虾线后剖出虾仁洗净。热锅倒油，放入西蓝花、南瓜和虾仁翻炒，待虾仁变色后加入水焖煮至软，倒入蝴蝶面翻炒均匀。

2. 可以冷冻的小馄饨

小馄饨皮薄鲜嫩，味美汤鲜，很适合宝宝加餐食用。小馄饨包法简单，新手妈妈也能很快掌握要领。自己用擀面杖和压面机都很难将面皮弄得很薄，直接购买馄饨皮会更方便。

小馄饨的馅料多为柔软的肉泥，也可以在其中加一些蔬菜泥。小馄饨的皮比较薄，尽量不要加入碎末、颗粒状的馅料，以免将馄饨皮弄破。除了食物泥，还可以在馅中加入鸡蛋，增加滑嫩的口感。

可以一次多包一些，包好的小馄饨可以冷冻起来，下次吃时取出来煮熟即可。

小馄饨的制作公式：馅料+液体+辅料=小馄饨

馅料：肉泥（猪肉、虾肉、鳕鱼等）、蔬菜泥（油菜、芹菜等）、蛋液。

液体：水、高汤。

辅料：蛋类（将蛋类淋入馄饨汤里做成蛋花）、调味料（虾皮粉、香菇粉、紫菜、香菜、香葱等）。

鲜肉小馄饨

🍎 食材

馄饨皮、猪肉、蛋清、紫菜、香葱

🍲 做法

将市售馄饨皮切成四块；紫菜和香葱洗净剪碎备用。猪肉绞成肉泥，加入蛋清顺时针搅拌至有黏性。在一小张馄饨皮中加入适量肉泥，收起四角用力捏紧。锅里烧水，水沸后放入小馄饨转中火煮至熟透。最后放入紫菜和香葱碎煮1分钟。

口蘑虾仁小馄饨

🍎 食材

馄饨皮、口蘑、基围虾、紫菜、香葱

🍲 做法

将市售馄饨皮切成四块；紫菜和香葱洗净剪碎备用。口蘑洗净切块，基围虾去头去壳且挑去虾线、剥出虾仁洗净，和口蘑一起绞成泥。在一小张馄饨皮中加入适量虾泥，收起四角用力捏紧。锅里烧水，水沸后放入小馄饨转中火煮至熟透。最后放入紫菜和香葱碎煮1分钟。

宝宝每天吃多少?

母乳或配方奶依然是10个月宝宝最主要的营养和能量来源,宝宝全天喝奶量应在600mL左右,喝母乳的宝宝白天应该有4~5次亲喂,夜间可有1次夜奶。

如果家长喂养合理,宝宝对辅食的兴趣会越来越浓。随着宝宝大运动发育,宝宝一日的能量消耗也在增加,每天都要给宝宝提供充足的营养。10个月的宝宝每天可以吃2~3次辅食,其中有一顿辅食量比较大,是可以完全代替喝奶的。辅食要搭配合理,既要有汤粥类,也要提供小饼、馒头等含水量较低的手指食物。

到本月结束,宝宝全天的辅食量为主食30~40g、蔬菜30~45g、水果30~45g、肉鱼虾30~45g、蛋黄1个、油5g,不添加任何调味品。

可以完全代替一顿奶的辅食应具备哪些特点?

● 包含主食、肉类或蛋类、蔬菜或水果类,营养比较均衡。

● 这顿辅食是宝宝一天中进食量最大、进餐情绪最好的一顿。

● 辅食水分较少,宝宝能吃到较多的"干货"。

● 吃完辅食后如果给宝宝喝奶,宝宝只喝很少甚至不喝。

辅食逐渐代替奶,是7~12个月宝宝辅食安排的重要环节。辅食太多而喝奶太少,不利于营养的充分摄入;辅食太少而喝奶太多,会影响1岁以上宝宝的进食兴趣。循序渐进地用辅食代替喝奶,宝宝1岁左右才能顺利过渡为一日三餐。

10个月宝宝辅食举例

● 每日两餐

第一餐 | 荷兰豆生菜虾仁蝴蝶面
鸡蛋羹
西蓝花掰成小朵

蝴蝶面	10g	鸡蛋	1个
荷兰豆	5g	西蓝花	5g
生菜	10g	油	2g
虾仁	10g		

第二餐 | 紫甘蓝牛肉燕麦六倍粥
山药条
黄瓜条

大米	10g	山药	5g
燕麦	2g	黄瓜	5g
紫甘蓝	5g	油	2g
牛肉	10g		

● 每日三餐

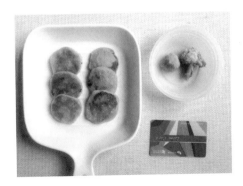

第一餐 | 西葫芦甜椒三文鱼米粉饼
西蓝花掰成小朵
猪肉丸

米粉	10g	三文鱼	10g
面粉	5g	西蓝花	5g
西葫芦	5g	猪肉	10g
甜椒	5g	油	2g

第二餐 生菜青菜蛋黄面疙瘩
双色发糕
胡萝卜条

面粉...........15g　　双色发糕....10g
生菜...........5g　　胡萝卜.........5g
青菜...........5g　　油...............2g
蛋黄...........1个

第三餐 凤梨碎

凤梨...........25g

奶和辅食的时间安排

1. 辅食安排在什么时间?

10个月的宝宝基本保持在上午和下午各小睡1次。可以将辅食安排在宝宝小睡醒来之后吃,也可以和家人共同吃早餐、午餐或晚餐。

2. 先吃奶还是先吃辅食?

这个阶段宝宝已经可以很好地吃一顿分量多的辅食,并且吃完后不再喝奶了。如果每次吃完辅食宝宝都要喝很多奶,意味着辅食的量可能偏小,要适量增加。如果宝宝每次吃完辅食都不愿意再喝奶了,可以将喝奶时间安排得更灵活,例如放在辅食吃完后的半小时到一小时。

3. 作息示例

1号宝宝南瓜

妈妈全职带

白天4次配方奶、3次辅食，无夜奶。

白天2次小睡共3小时，夜间睡10小时。

7:00醒来

7:30辅食＋喝奶

10:30喝奶

11:00~12:00小睡

12:30辅食

15:00喝奶

15:30~17:30小睡

18:00辅食

20:30喝奶

21:00睡觉

2号宝宝林林

妈妈上班背奶

白天5次配方奶、2次辅食，夜间1次夜奶。

白天2次小睡共2小时，夜间睡10小时。

6:00醒来

6:30喝奶

8:00辅食

9:30~10:30小睡

11:00辅食＋喝奶

14:00喝奶

14:30~15:30小睡

16:00喝奶

19:30喝奶

20:00睡觉

本月食谱范例

表4.2　10个月宝宝辅食安排示例表

天数	第一餐	第二餐	第三餐
1	白菜红薯西葫芦鸡肉六倍粥、土豆条、草莓片	番茄菠菜米粉面疙瘩、胡萝卜蛋黄羹、香蕉条	
2	南瓜西葫芦虾肉蝴蝶面、冬瓜猪肉丸、胡萝卜条	蛋黄菠菜土豆米粉饼、白发糕、牛油果条	
3	青菜冬瓜牛肉小米六倍粥、白馒头、土豆条	菠菜西葫芦蛋黄米粉饼、南瓜条、草莓片	
4	莴笋猪肝番茄蝴蝶面、南瓜条、木耳蛋黄羹	菠菜冬瓜猪肉小米六倍粥、草莓片、白萝卜条	

续表

天数	第一餐	第二餐	第三餐
5	油菜番茄三文鱼米粉饼、冬瓜猪肉丸、香蕉条	莴笋胡萝卜蛋黄米粉面疙瘩、红薯发糕、白萝卜条	
6	青菜胡萝卜猪肉小米六倍粥、木耳虾丸、土豆条	番茄南瓜昂刺鱼蛋黄米粉饼、牛油果条、草莓片	
7	番茄菠菜紫薯六倍粥、冬瓜猪肉丸、白萝卜条	白菜南瓜蛋黄米粉饼、白发糕、草莓片	
8	蛋黄青菜西葫芦米粉面疙瘩、冬瓜猪肉丸、土豆条	猪肝番茄菠菜细面、白发糕、草莓片	
9	冬瓜白菜昂刺鱼蛋黄米粉饼、猪肉小馄饨、西瓜条	番茄菠菜虾肉面疙瘩、香蕉条、土豆条	
10	油菜南瓜蛋黄紫薯六倍粥、冬瓜猪肉丸、白萝卜条	豆腐番茄白菜蝴蝶面、草莓片、土豆条	
11	胡萝卜番茄米粉面疙瘩、木耳虾丸、牛油果条	西葫芦青菜豆腐蛋黄米粉饼、白发糕、猪肉小馄饨	
12	白菜豆腐胡萝卜鸡肉小米六倍粥、冬瓜条、白馒头	菠菜番茄猪肉蛋黄米粉饼、牛油果条、草莓片	
13	冬瓜菠菜蛋黄米粉面疙瘩、南瓜发糕、白萝卜条	番茄土豆鸭肉细面、木耳虾丸、香蕉条	
14	青菜白萝卜牛肉米粉饼、猪肉小馄饨、草莓片	番茄菠菜蝴蝶面、西葫芦蛋黄羹、土豆条	
15	冬瓜油菜梨子猪肝六倍粥、紫薯发糕、土豆条	菠菜番茄蛋黄米粉饼、虾肉小馄饨、牛油果条	
16	菠菜蛋黄胡萝卜燕麦六倍粥、南瓜牛肉丸、土豆条	青菜木耳猪肉米粉面疙瘩、紫薯发糕、草莓片	梨子碎
17	油菜冬瓜三文鱼细面、菠菜蛋黄羹、胡萝卜条	番茄白菜牛肉蝴蝶面、猪肉小馄饨、香蕉条	苹果碎
18	油菜冬瓜燕麦六倍粥、牛肉蛋黄羹、莴笋条	青菜番茄猪肉米粉饼、白发糕、西瓜条	草莓片
19	白萝卜黄瓜昂刺鱼米粉面疙瘩、南瓜牛肉丸、莴笋条	冬瓜木耳鸡肉米粉饼、油菜蛋黄羹、草莓片	梨子碎
20	冬瓜白菜蛋黄紫薯米粉饼、南瓜牛肉丸、香蕉条	胡萝卜木耳猪肉米粉面疙瘩、白馒头、黄瓜条	苹果碎

续表

天数	第一餐	第二餐	第三餐
21	南瓜香蕉紫薯六倍粥、油菜蛋黄羹、土豆条	番茄黄瓜牛肉蝴蝶面、牛油果条、木耳牛肉丸	草莓片
22	西蓝花鸡肉白菜小米六倍粥、土豆条、莴笋条	胡萝卜南瓜蛋黄米粉饼、猪肉小馄饨、冬瓜条	香蕉条
23	白菜黄瓜牛肉米粉面疙瘩、油菜蛋黄羹、白萝卜条	莴笋番茄豆腐蝴蝶面、白发糕、西瓜条	苹果碎
24	油菜木耳三文鱼蛋黄米粉饼、猪肉小馄饨、西瓜条	鸡肉番茄西葫芦细面、白菜虾肉丸、草莓片	梨子碎
25	南瓜胡萝卜鸡肝小米六倍粥、白萝卜条、香蕉条	番茄木耳牛肉细面、紫薯发糕、牛油果条	苹果碎
26	青菜白萝卜鸡肉米粉面疙瘩、白馒头、西瓜条	胡萝卜西蓝花豆腐米粉饼、白菜蛋黄羹、莴笋条	香蕉条
27	青菜蛋黄红薯南瓜六倍粥、冬瓜条、木耳牛肉丸	番茄胡萝卜鸡肉米粉饼、牛油果条、莴笋条	梨子碎
28	南瓜虾肉油菜紫薯六倍粥、猪肉小馄饨、莴笋条	豆腐番茄木耳蝴蝶面、草莓片、土豆条	火龙果条
29	番茄土豆鸡肉米粉饼、西葫芦蛋黄羹、火龙果条	菠菜木耳豆腐细面、白菜猪肉丸、西瓜条	苹果碎
30	油菜莴笋昂刺鱼燕麦六倍粥、白菜虾丸、火龙果条	白菜西葫芦蛋黄米粉饼、猪肉小馄饨、土豆条	香蕉条

（1）本月共添加了10种新食材，有2种谷薯类、4种蔬菜类、1种禽畜肉类、1种水果类、1种肝脏类、1种豆制品类。由于添加辅食的季节、食材采购便利度、宝宝的饮食习惯、宝宝的喜好以及对食材的反应各有不同，妈妈可根据实际情况自行替换食材或调整食材的添加顺序。

（2）从后半个月开始，辅食增加了第三餐，为下个月过渡到三餐做准备。

（3）第一餐和第二餐都搭配了一定的主食、蔬菜或水果、肉蛋水产类。第三餐的食物相对简单些。

（4）建议每餐至少准备两种手指食物。

（5）宝宝对蛋白不过敏的话，每天都可以吃一些。

（6）每周吃2～3次水产类食物。

（7）建议缺铁性贫血的宝宝每周吃1次动物肝脏。

妈咪问，
苏蒂答

Q: 宝宝每次体检都超重，被告知要少吃，该怎么喂养呢？

A: 当宝宝的体重处于生长曲线图中第97百分位线之上时，说明宝宝可能有超重的风险，需要引起家长的警觉。体重过重会增加身体器官的负担，对长期健康产生影响。

按需喂养是避免肥胖的关键。不要每次都要求宝宝吃完大人准备的所有食物，每次用餐时间在20～30分钟为宜。

不要给宝宝喝甜饮料、吃零食。日常饮食用鱼虾、鸡鸭肉等脂肪含量比较低的肉类代替肥肉，用粗杂粮代替一部分精白米面。鼓励宝宝多吃蔬菜，多咀嚼。多用蒸、煮、凉拌和炒的烹调方式，减少烹调用油。每日都要补充维生素D，且保证2小时的户外活动。小一点儿的宝宝可以鼓励他多趴、多爬，同时保证夜间高质量的睡眠。如果宝宝明显比同龄人的食量大、体重更重、更容易睡觉打鼾、肌肉乏力，则需要及时请医生检查。

Q: 什么时间给宝宝吃水果好？需要加热吃吗？

A: 不建议在餐前吃水果，会影响宝宝的食量，如果一定要在餐前吃，要注意控制分量。水果可以和辅食一起吃，也可以制作成辅食，如水果米糊、水果粥、水果炒饭等。饭后半小时是否要吃水果取决于宝宝的进食情况。如果吃完正餐宝宝已经打饱嗝了，半小时后再吃水果，会加重消化负担；如果正餐吃得不太饱，再吃些水果是没问题的，水果中丰富的维生素还能促进一些营养素的吸收。如果宝宝平时经常消化不好、肚子胀，饭后再吃水果就不太合适了。总的来说，除了空腹，其他时间吃水果都是可以的，最佳时间是两餐之间。

水果一般不需要加热就能给宝宝吃，如果觉得口感较硬或者宝宝正在生病，可以适当加热再食用。

Q：宝宝头发少，发色也不黑，是不是缺乏营养？

A：宝宝的发量因人而异。有的宝宝一出生就有一头浓密的胎发，有的宝宝出生时头发很稀疏。宝宝的发质和发色主要是由遗传决定的，后期也可以通过饮食改善。为了让宝宝的头发长得更好，日常饮食可以注意补充一些富含优质蛋白质的食物如蛋、奶、肉类、鱼虾、豆制品，以及富含锌的食物如贝壳类、瘦肉；平时多吃深色的蔬菜水果，这样就不用担心宝宝的发质问题了。

Q：老人说鸡蛋和牛奶一起吃会让宝宝拉肚子，是真的吗？还有哪些食物不能一起吃？

A：如果鸡蛋和牛奶一起吃会让宝宝拉肚子，分开吃可能也会如此，原因可能是鸡蛋没完全煮熟，或者是宝宝乳糖不耐受。

经过研究发现，食物相克的说法并没有科学依据。虽然食物中的各种营养素确实存在相互拮抗的作用，但是两种或几种食物一起吃，大多不足以令宝宝不舒服或者生病。从膳食平衡的角度来说，吃得种类越丰富，反而越有利于获得全面的营养。家长平时不用纠结于食物相克的说法，这只会给制作辅食徒增困扰。

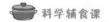

辅食喂养第一个转折点的常见问题

第3节

进入辅食添加中期，宝宝的进食情况会逐渐稳定，对食物的兴趣也日益增加。经过2~3个月的磨合，宝宝对食物的态度渐渐清晰，妈妈可以明显地感知到宝宝是比较容易喂养，还是比较难喂养。一些宝宝对食物的接受度高、专注度好、食量也较大，还有一些宝宝对食物比较挑剔、在餐桌上缺乏耐心、稍有不合意便哭闹叫喊。不得不说，拥有一个吃饭不难的宝宝是多么幸运。幸运儿毕竟是少数，大部分宝宝还是需要在妈妈用心的喂养下才能与辅食"日久生情"。在平日的喂养咨询中，我见过"饭霸"宝宝被生生喂成"饭渣"，也见过不少"饭渣"宝宝逆袭成人人羡慕的"饭霸"。宝宝的情况虽然不同，却可以殊途同归。面对这个辅食喂养的第一个转折点，你准备好迎接它了吗？

如何戒除"迷糊奶"？

● 喂养难题

2016年的夏天，一位妈妈向我求助。女宝当时9个月大，满月后就接受混合喂养。宝宝从第3个月开始厌奶，妈妈担心宝宝吃不饱，就趁她睡迷糊时喂奶，以至于宝宝清醒时喝奶越来越少，并且只在睡迷糊时吃，情况一直持续到向我求助时。渐渐地，宝宝不愿意吃辅食了，吃几口就抓耳挠腮揉眼睛，甚至趴在桌椅上不张嘴。体重也从生长曲线图中50%的位置下滑到了30%的位置。

分析与解决办法

许多宝宝在4~7个月大时会进入短暂的厌奶期，一些妈妈怕宝宝清醒时喝奶少就趁他睡迷糊了喂奶，使宝宝慢慢养成了"非睡觉不吃奶"的习惯，俗称"迷糊奶"。宝宝半睡半醒间的吮吸动作轻而低频，整体喝奶量比清醒时要少很多。如果宝宝习惯了在睡觉时进食，辅食量也可能因此受到牵连，影响宝宝的生长发育。

戒除"迷糊奶"要从两方面入手：一是改变宝宝吃"迷糊奶"睡觉的习惯，让宝宝知道吃东西这件事是在清醒时进行的。二是在白天按时喂奶。

全天作息建议调整如下

6:00亲喂＋奶粉

8:00~9:00小睡

9:00辅食＋亲喂

11:00亲喂

12:00~13:00小睡

14:00亲喂

15:30亲喂＋奶粉

16:00~17:00小睡

18:00辅食＋亲喂

20:30亲喂＋奶粉

20:30~6:30睡觉

妈妈白天要多陪宝宝玩耍，让宝宝消耗体力，感到饥饿，有想吃饭的欲望；同时多和宝宝进行肌肤接触，让宝宝习惯奶味，减轻对喂奶的抵触。另外要改变喂养方式，如果妈妈以前采取的是摇篮抱，现在则要改为斜着抱，让宝宝靠在胸口喝奶，逐渐消除宝宝"放倒我就要喝奶了"的刻板想法。当宝宝犯困时要采用喝奶以外的哄睡方式。妈妈也要保证充足的睡眠、合理的饮食、愉快的心情，每天多喝清汤和白开水以保证分泌充足的乳汁。

效果与反馈

经过5天的调整，可以顺利进行一顿全母乳亲喂；经过10天的调整，除了160mL奶粉外全部为母乳亲喂，宝宝可以持续吃奶4~10分钟。宝宝吃辅食的情绪和食量也在逐渐好转。第15天时，宝宝已经戒除了"迷糊奶"，也不再需要奶粉喂养了，实现了全母乳亲喂和辅食喂养。随着进食量的提升，宝宝的体重增加了150g。

对于小月龄的宝宝来说，迷糊时吃奶可能是无法避免的，不要因此而感到慌张。但如果已经影响到白天的进食和宝宝的生长发育，就有必要尽早采取措

施了。宝宝在一段时间内出现短暂的厌奶多为正常现象，可以自行恢复，先观察宝宝的生长情况是否稳定再决定要不要改变喂养习惯。

怎么喂都不张嘴

● 喂养难题

不少妈妈会有这样的困扰，宝宝之前辅食吃得不错，可是最近喂什么宝宝都不愿意张嘴。2017年某个夜晚，我收到一个求助视频。一个宝宝坐在餐椅上，两个大人一个在喂米糊、一个在为他擦汗，宝宝一直在哭闹扭动，双手不停挥动着试图赶走这一切，手忙脚乱的场面瞬间吸引了我的注意。这是一个9个月的男宝宝，一开始辅食吃得比较顺利，后来越来越抗拒辅食，原来是家长曾经往宝宝的嘴里强塞过食物，时间一久宝宝就再也不肯张嘴了。他的家长向我求助时，宝宝对米糊、粥、面等食物一概不吃，坐到餐椅就哭闹不止，一到吃饭时间就情绪崩溃，让全家人又生气又心疼。

● 分析与解决办法

在回答这个问题之前，我希望妈妈明白，眼前的宝宝已经不再是那个经常把吃到嘴里的米糊漏到下巴上的小不点了。随着宝宝进食技能的飞速发展，大部分9个月的宝宝可以准确抓起面前的食物并将其包裹在小拳头里，试图用啃、咬、舔的方式吃到嘴里。

随着宝宝控制食物能力的提高，拒绝被喂食的场景很快就会来到。当你把勺子递过去时，宝宝会拍掉勺子、扭头，再喂就哭闹不止。许多妈妈见此情景，稀里糊涂就给宝宝下了"不乖、不吃饭"的定论，这是多么深的误解啊！你的宝宝并不是不爱吃饭，他只是不喜欢被人喂着吃。

改善这种情况可以分两步走，一是情绪梳理，二是优化食物。家长在喂食过程中充满焦虑和紧张是可以理解的，但无论怎样都应该多用鼓励性的语言和宝宝交流，让他觉得吃饭是件轻松愉快的事。由于宝宝有过被强行喂食的经历，所以对勺子有强烈的抵触情绪，建议家长转变喂养策略，暂时用手、叉子或者筷子喂食，同时多给宝宝提供一些适合抓握的手指食物，如蒸软的土豆、胡萝卜、馒头片、柔软的水果、肉丸等。如果宝宝已经对勺子充满敌意，那就暂时收起这个讨厌的家伙吧。喂辅食前先让宝宝喝少量奶，让他在不太饥饿、心情愉悦的情况下尝试辅食。

● 效果与反馈

经过调整，宝宝在第三天时能安静地吃5~6分钟，情绪崩溃的情况也有所好转。接下来就是进一步增强宝宝对食物的兴趣了。宝宝每次坐进餐椅几乎都是被硬塞进去的，对他来说餐椅堪比"刑具"，带着低落的情绪进餐自然吃不了多久。为了改善这个问题，我们可以用做游戏的方式让宝宝自愿进餐椅。妈妈在宝宝面前先假装藏食物，自己偷偷地吃并表现出非常好吃的样子。当宝宝好奇地打量妈妈在吃什么时，再慢慢将食物拿出来，问宝宝"是不是也想吃"，当宝宝把注意力转移到食物上时，就会自愿坐进餐椅里了。等宝宝逐渐适应了坐餐椅这个步骤，家长即使不表演，宝宝也能顺利坐进餐椅准备进餐了。

不玩玩具就不吃饭

● 喂养难题

很多家长发现，宝宝吃饭的时候用玩具哄哄他，好像可以让喂食更顺利，但是这样做真的好吗？2017年底，有位妈妈发来一张照片求助。照片中一个女宝宝坐在餐椅上，手里玩着没插电的电熨斗，家长在一旁端着食物守候着。那一瞬间我有点懵，心里想"为什么要给宝宝玩电熨斗？"

妈妈说，宝宝从10个月开始只有用玩具哄逗才肯吃些辅食，11个月的时候已经完全拒绝用勺子喂食了。宝宝吃一顿辅食家里能玩的东西都要玩个遍，只肯吃玉米、香蕉等几种食材。到12个月时怎么哄都不肯吃了，每天只能将少量米粉加在配方奶中给她喝，生长曲线正逐渐下滑。

● 分析与解决办法

我相信大多数用道具哄宝宝吃饭的妈妈，内心也明白这种方法不妥。但是家长太担心宝宝不吃饭会影响发育，也找不到比用道具哄喂更好的办法了。

小道具虽然能让宝宝不再反抗喂食，但也让宝宝失去了细细品尝食物味道和自主进食的乐趣。当别的宝宝把食物当作亲密伙伴、专心学习进食技巧时，你喂给宝宝的食物却扮演着"打扰宝宝玩耍"的角色。久而久之，没有越来越多的奖赏，宝宝也就不再合作，对食物也提不起兴趣了。

改善这种情况的关键是不再提供任何道具。每次吃辅食前告诉宝宝："妈妈知道你还想玩玩具，但现在是吃饭时间，玩具伙伴们不可以到餐桌上来。你吃完饭才可以和它们继续玩。"如果宝宝用哭闹抗议，妈妈要更坚定地告诉宝宝这件事没得商量。宝宝虽然不会说话，但可以从妈妈的语气和表情中知道自己的要求是否有被满足的可能，一旦确定妈妈是认真的，自己的抗议无效，聪明的宝宝便不会再挑战妈妈的权威了。

● 效果与反馈

经过2天的调整，宝宝接受了新的规则，吃辅食的时候不再要求玩道具了，接下来可以准备多种手指食物鼓励宝宝用手拿着吃了。宝宝之前吃的主要是糊状食物，所以刚开始吃的手指食物也要足够软烂，比如吐司、肉丸、红薯、西蓝花等。没有进行过自主进食锻炼的宝宝自己吃效率比较低，在不影响宝宝自主进食和进餐情绪的前提下，妈妈可以同时喂一部分食物。5天后，宝宝接受了许多新食物，自主进食情绪很好，进食量也稳定增加了。

正确看待玩玩具

有一部分宝宝会将某个道具当成安抚物，无论做什么都要带在身边，比如一条毛巾、一个玩偶。这些道具被称为"过渡性客体"（俗称安抚物），可以缓解宝宝的焦虑和紧张情绪。如果你的宝宝在进餐时强烈要求某个道具陪伴自己，只要不影响进餐，可以视情况满足他的要求。

第 5 章

辅食添加末期
（11～12个月）

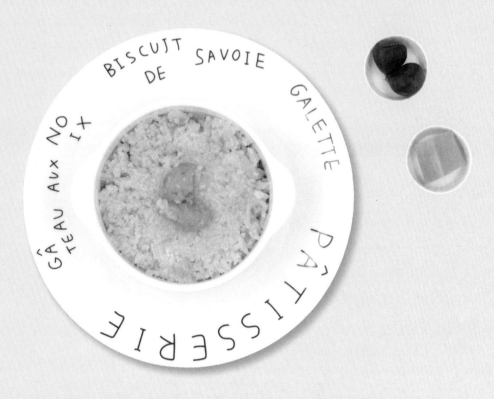

第1节 11个月，手指食物吃得越来越好了

11个月的宝宝能吃的食物种类越来越多，手指食物吃得越来越好，咀嚼能力也越来越强了。这个阶段如果你还是只提供柔软的食物，很可能会遭到他的抗议。餐桌上呆萌的小可爱正逐渐变成懂得挑挑拣拣的机灵鬼。这个月开始，大部分宝宝每天要吃三次辅食，妈妈们在厨房会变得更忙碌，准备一些耐储藏的成品或半成品是节约时间的好方法。部分宝宝在这个月龄会进入并觉（指宝宝两次小睡合并为一次小睡）阶段，可以根据睡觉时间灵活调整进餐时间。

适合宝宝的食物性状

11个月的宝宝已经能很好地接受碎块状的食物了，宝宝也从只能抓条状食物逐渐进步到能打开手掌夹住片状食物，再进步到捏起小块食物，部分宝宝甚至能够将食物倒手。随着手指食物吃得越来越好，自主进食的狼藉场景也会改善很多。这个月开始，除了蒸煮还可以选择植物油炒制的烹调方式，既增加了食物的香味又增加了食物的能量密度。要注意，炒制的食物需要加水焖至软烂后再给宝宝吃。

本月吃的大部分食材可以处理成直径约0.5cm的颗粒，让宝宝更好地练习咀嚼。

可以尝试的食物类型

本月，宝宝可以尝试更丰富的主食了。卡通形和长条形的意大利面都很适合宝宝抓握，吐司也可以让宝宝吃一些。继稠粥之后，宝宝可以尝试更粗糙的软米饭了，咀嚼力也进一步得到了提升。如果觉得食物干硬，可以搭配一些汤水作为配餐。

1. 便捷的混合型主食：包子

包子是一种混合型主食，馅料包含各种食材。包子皮的制作方法和包子二次发酵的方法同馒头。

直接用生肉泥做的馅口感比较结实，可以通过少量多次加水的方法让肉馅吸水，从而让肉馅变得柔软多汁。具体方法是向肉馅中分次少量加水（清水或葱姜水），每次不断搅拌，直至肉馅变得有黏性，搅拌起来明显感受到阻力。肉馅和水的比例最高可为5：3，比例越高肉馅越松散。馅料如果太湿润，可以先冷藏一下，再拿出来包。在肉馅中加入鸡蛋或蛋清可以使口感更滑嫩，但需要减少加入的水。

包子制作公式：粉类+酵母液+馅料=包子

粉类：面粉、婴儿米粉、杂粮粉（玉米面、黑米粉等）。其中面粉所占的比例应不低于2/3。

酵母液：在干酵母中加入适量温水/温奶（100g粉类加入1g酵母）。

馅料：辅食泥（红薯泥、紫薯泥、豆沙等）、蔬菜碎（香菇、白菜、韭菜等）、肉类（猪肉、牛肉、青鱼等）、调味品（虾皮、香葱等）、葱姜水。

虾皮蔬菜包

🍎 食材

面粉、虾皮、白菜、香菇、鸡蛋、干酵母

🍲 做法

白菜洗净剁碎，虾皮和香菇洗净切碎，向切好的食材中加入鸡蛋液搅拌成馅料。按做馒头的方法做面团，将发酵排气的面团分成小剂子，搓圆擀成面皮。面皮里包入馅料后，用拇指食指将面皮外沿捏出褶子，最后收紧包子口。将包子放在温暖处进行第二次发酵，发酵至稍稍膨大，放入蒸锅中蒸熟。

紫薯开花包

🍎 食材

面粉、紫薯、干酵母、配方奶

🍲 做法

紫薯洗净上锅蒸熟，去皮压成泥后放凉备用。在干酵母中加入适量温奶使之充分溶解，将酵母液分为两份。把面粉平均分为两份，一份加入酵母液，另一份加入酵母液和紫薯泥，分别揉成较光滑的白色和紫色面团。面团放在温暖处发酵至两倍大，充分揉面排出空气，搓成大小相等的圆面团。将白色面团擀成面皮，包入紫色面团后捏紧收口并搓圆。用刀在面团顶部划出十字，放在温暖处第二次发酵至稍稍膨大，放入蒸锅蒸熟。

2. 带来不同口感体验的软米饭

米饭也是一种常见主食。由于米饭颗粒分明，吃到嘴里的颗粒感很强，所以可以更好地锻炼宝宝的咀嚼能力。

因米和水的比例不同，米饭也有软米饭（适合10个月的宝宝）和硬米饭（适合1岁后的宝宝）之分。软米饭中大米和水的比例是1：3或1：4，硬米饭中大米和水的比例则为1：1或1：1.5。软米饭比较黏稠，是适合锻炼宝宝使用勺子的食物。

注意，各种杂粮豆类都可以和大米混合煮，如果用电饭锅烹调，则需要将豆类提前浸泡8小时。注意每次煮饭不要在大米中加入太多杂粮，不超过大米的1/5即可，否则口感会过于粗糙。如果在大米里加入肉类海鲜一起煮，米饭会更有味道，牛腩、五花肉、羊肉卷、鸡翅等肥瘦相间的肉，都很适合用来焖饭。

除了蒸煮米饭，也可以将煮熟的米饭和其他食材一起做成炒饭。隔夜米饭因其水分变少，炒出来口感颗粒分明，适合1岁后的宝宝。

煮好的米饭有多种吃法，比如做成饭团、紫菜包饭，和面粉混合做成饼，等等。换着花样做可以给宝宝带来新鲜感。

米饭制作公式：主料+液体+辅料=米饭

主料：大米、薯类（红薯、紫薯等）、全谷（小米、糙米等）、豆类（红豆、绿豆等）。

液体：水、高汤。

辅料：水果（梨、香蕉等）、果干（葡萄干、红枣等）、蔬菜（胡萝卜、南瓜等可以和米饭一起煮，绿叶蔬菜单独做熟后和米饭拌匀）、肉类（猪肉、虾肉等）、坚果（核桃、花生等，需要充分煮烂）、调味粉（银鱼粉、黑芝麻粉等）、鸡蛋。

南瓜板栗焖饭

🍎 食材

大米、小米、板栗仁、南瓜

🍲 做法

生板栗仁洗净切成小块，南瓜洗净去皮切成小块。大米和小米淘洗干净，加入于大米和小米3倍的水，再加入板栗仁和南瓜一起煮至熟。

蔬菜牛肉蛋炒饭

🍎 食材

剩米饭、牛肉、豌豆、胡萝卜、生菜、鸡蛋

🍲 做法

牛肉洗净剁成肉末，胡萝卜洗净去皮切成小块，生菜洗净切碎，豌豆洗净，鸡蛋打散备用。热锅倒油，放入牛肉翻炒至变色，加入胡萝卜块和豌豆翻炒均匀，倒少许水焖一会儿至食材软烂。放入生菜翻炒均匀后将所有配菜推至锅的一边，另外一边倒入蛋液炒至凝固。最后放入剩米饭全部翻炒均匀。

3. 有嚼劲的意大利面

意大利面是由硬质小麦粉制作而成的，相比于普通的面条更硬，所以意大利面是一种口感Q弹、有嚼劲的主食。

市售的意大利面造型多样，有细长条形、长管状、贝壳状、螺丝状等。细长条形适合让宝宝练习用叉子；长管状、贝壳状、螺丝状、卡通造型的适合作为手指食物。市售意大利面一般为浅黄色，加入蔬菜汁的会呈现其他颜色。烹调前将意大利面浸泡在凉水中10～20分钟，煮的时候更容易煮软。

意大利面制作公式：面+辅料+酱汁=意大利面

面：各种造型的意大利面。

辅料：蔬菜（生菜、黄瓜等）、肉类（猪肉、牛肉等）、鸡蛋。

酱料：番茄肉酱、彩色酱汁等。

小贴士

不同颜色酱汁的制作

各种酱汁是意大利面的特色所在，利用食材的不同颜色，可以制作出多彩的酱汁，带给宝宝丰富的视觉和味觉体验。妈妈们可以提前制作一些酱汁分装在密封瓶里冷冻起来，下次做意大利面时直接取出一起烹调即可。

● 橙色酱汁：将南瓜或胡萝卜蒸熟后打成泥。

● 绿色酱汁：将菠菜或西蓝花焯熟后打成泥。

● 白色酱汁：热锅倒入无盐黄油，黄油融化后放入面粉翻炒均匀，再加入牛奶搅拌成浓稠的酱汁。

蔬菜炒意面

🍎 食材

意大利面、豌豆、芹菜、番茄、鸡蛋

🍲 做法

意大利面煮熟后放入冷水中备用。鸡蛋打散，豌豆洗净，芹菜洗净切段，番茄洗净去皮切碎。热锅倒油，放入番茄翻炒出汁，再放入豌豆和芹菜翻炒至豌豆变色，加少许水焖至豌豆软烂。锅内食材推至一边，另一边倒入蛋液，待蛋液凝固后炒散，最后放入意大利面将所有食材翻炒均匀。

番茄肉酱意面

🍎 食材

意大利面、番茄、猪肉（肥瘦相间）、洋葱

🍲 做法

先将去皮的番茄、猪肉、洋葱分别处理成碎末。锅里倒油，放入猪肉和洋葱炒至肉变色。盛出来后重新倒油，放入番茄翻炒到出汁。放入洋葱和肉炒匀。如果希望口感柔软一些可以再加少许水焖煮一会儿。

注：番茄肉酱是一款非常经典的意大利面酱，除了拌面还可以拌饭、炖菜等。肉最好带一点肥，番茄选红透的。

4. 丰富宝宝味觉体验的汤

11个月左右的宝宝可以适当喝些汤。这个阶段，他们所吃的食物中水分含量变少，搭配少量汤，既不会占太多胃容量，也能让宝宝吃饭更有乐趣。

● 喝汤还是吃料？

宝宝最好不要只喝汤。不管用什么食物煮汤，渗入到汤里的营养都很有限，所以连汤带料一起吃是最好的。

● 荤汤还是素汤？

荤汤是指鱼汤、肉汤、丸子汤、鸡汤、蛋汤等，素汤是指菜汤、玉米汤、银耳汤、梨汤等。如果取材方便，荤素搭配着吃是最好的。在香味儿的诱惑下，宝宝多少会吃一些平时不太喜欢的食材。在宝宝生病没有胃口时，汤类也是补充营养的好食物。

番茄蛋花汤

🤏 食材

番茄、鸡蛋、紫菜

🍲 做法

番茄洗净去皮切小块，鸡蛋打散备用。热锅倒油，放入番茄翻炒至出汁，加水煮至番茄软烂。蛋液缓慢绕圈淋入锅中，待蛋液全部凝固后放入紫菜碎再煮2分钟。

红枣银耳汤

🍎 食材

红枣、银耳、花生

🍲 做法

红枣洗净去除枣核，银耳泡发后剪碎，花生去除红衣后对半掰开。所有材料放入炖盅里再加入适量水炖2.5个小时，至花生完全软烂后倒出。

萝卜玉米排骨汤

🍎 食材

白萝卜、胡萝卜、玉米、猪小排

🍲 做法

胡萝卜、白萝卜洗净去皮切块，玉米洗净切段，排骨洗净。将排骨和白萝卜焯水后分别捞出备用。锅里重新加入水，烧沸后放入排骨和玉米小火煮1.5个小时，再放入白萝卜和胡萝卜煮15~20分钟至所有食材软烂。

5. 值得一试的吐司

吐司是面包的一种，无论在我国还是其他国家，吐司都很受欢迎。虽然制作吐司的食材很简单，但是制作吐司的方法并不简单。因为吐司的制作对原料、各成分比例、操作要求比较高，所以新手妈妈以及没有烤箱或面包机的家庭不太推荐制作。

吐司制作公式：粉类+辅料=吐司

粉类：高筋面粉、杂粮粉（玉米面、全麦粉等）。

辅料：黄油、盐、糖、干酵母、辅食泥（紫薯泥、南瓜泥等）、奶（牛奶或奶粉加水）、鸡蛋、果干（葡萄干、蔓越莓干等）。

吐司原料的参考比例为：

水、奶、鸡蛋等液体：面粉重量的65%

盐：面粉重量的1%

糖：面粉重量的4%

干酵母：面粉重量的3%

奶粉：面粉重量的5%

黄油：面粉重量的10%

市售吐司中含有较多的糖和盐，为了宝宝的健康，自制吐司时可以减少相关配料的使用。黄油可以用植物油代替，糖和盐可以少放或者不放，糖少时吐司颜色浅、体积较小。

制作吐司时要注意：

（1）可以将材料先冷藏，目的是降低搅拌和揉面过程中面团的温度，以免提早发酵影响口感。

（2）酵母和糖、盐不能混合在一起搅拌，否则酵母会失效。

（3）做好的吐司除了直接吃，还可裹上蛋液煎着吃，或做成吐司杯等。

蛋液吐司条

🍎 食材

自制吐司、鸡蛋

🍲 做法

鸡蛋打散，吐司切成条状浸泡在蛋液中充分吸收蛋液。热锅倒油，放入浸了蛋液的吐司条煎至蛋液凝固。

蔬菜吐司杯

🍎 食材

自制吐司、胡萝卜、青椒、西蓝花、鸡蛋

🍲 做法

吐司切成合适的大小、稍擀薄，折叠放入烤碗或麦芬杯中。鸡蛋打散，胡萝卜洗净去皮、切成小粒，青椒和西蓝花洗净、切成小粒。将蛋液倒入吐司中至半满，再放入蔬菜粒。放置于烤箱中层，160℃烤20分钟。

6.营养方便的奶糊

奶糊是在奶类中加入其他食材搅打均匀后的辅食，能为宝宝提供奶类和辅食的多重营养，风味独特，适合在正餐时搭配比较干的食物或者加餐时食用。

奶糊制作公式：奶类+辅料=奶糊

奶类：母乳、配方奶、纯牛奶（1岁后）。

辅料：谷类（燕麦片、黑米等）、薯类（红薯、山药等）、水果（芒果、香蕉等）、蔬菜（南瓜、芹菜等）、果干（葡萄干、红枣等）。

紫薯奶糊

🍎 食材

配方奶、紫薯

🍲 做法

紫薯洗净、去皮、切块、上锅蒸熟，之后放入冲泡好的配方奶中，用搅拌棒打成糊状。

香蕉奶糊

🍎 食材

配方奶、香蕉

🍲 做法

香蕉去皮切成块，放入冲泡好的配方奶中，用搅拌棒打成糊状。

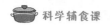

7. 能容纳更多馅料的饺子

饺子的做法和小馄饨类似，但由于饺子皮更厚实，所以能容纳的馅料也更丰富。如果宝宝挑食，给他做含有丰富食材的饺子是个不错的办法。饺子个头比较大，适合作为手指食物让宝宝自己抓着吃。

饺子皮口感比较结实，如果给较小的宝宝吃，可以用馄饨皮代替饺子皮。做好的饺子可以冷冻保存，想吃的时候做熟就能作为一餐。由于饺子体积小，也是外带简餐的好选择。

饺子制作公式：面皮+馅料+辅料=饺子

面皮：馄饨皮、饺子皮等。

馅料：肉类（猪肉、虾肉等）、蔬菜（油菜、芹菜等）、豆制品（豆腐、豆腐干等）、鸡蛋等。

辅料：虾皮粉、香菇粉、紫菜、香菜、香葱等。

芹菜猪肉饺

🍎 食材

馄饨皮、芹菜、猪肉、鸡蛋、紫菜、香葱

🍲 做法

芹菜洗净切碎，猪肉洗净剁成肉末。鸡蛋取蛋清，和芹菜、猪肉混合后朝一个方向搅拌成有黏性的馅料。馄饨皮压成直径约5cm的圆形，包入馅料后捏紧收口。锅里倒水加热，水沸腾后放入饺子，煮沸后转中火将饺子煮至柔软。最后加入紫菜和香葱煮2分钟。

除了煮饺子，也可以用蒸和煎的方式来烹调饺子。

麻酱虾仁饺

🍎 食材

馄饨皮、基围虾、鸡蛋、白菜、芝麻酱

🍲 做法

白菜洗净切碎，基围虾去头去壳去虾线，将虾仁洗净剁碎。鸡蛋取蛋清，和白菜、虾仁混合后朝一个方向搅拌成有黏性的馅料。馄饨皮压成直径约5cm的圆形，包入馅料后捏紧收口。饺子放入蒸锅蒸熟后取出，将芝麻酱洒在蒸饺上。

抱蛋牛肉煎饺

🍎 食材

馄饨皮、牛肉、海鲜菇、胡萝卜、鸡蛋、香葱、黑芝麻

🍲 做法

海鲜菇洗净、焯熟后切碎，胡萝卜洗净、蒸熟后切碎，牛肉剁碎。将海鲜菇、胡萝卜和牛肉搅拌成饺子馅。馄饨皮压成直径约5cm的圆形，包入馅料后捏紧收口。热锅倒油，放入饺子煎至底部微黄，加水至饺子高度的一半，小火焖至收干。鸡蛋打散，饺子快焖熟时倒入锅里摊开，快凝固时撒上香葱和黑芝麻。

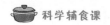
宝宝每天吃多少?

母乳或配方奶依然是本月龄宝宝最主要的营养和能量来源，宝宝全天喝奶量应在500~600mL，喝母乳的宝宝白天应该有3~4次亲喂，夜间可有1次夜奶。

随着辅食的种类越来越丰富以及宝宝运动量的逐渐增加，宝宝对辅食越来越感兴趣，食量也越来越大。10个月的宝宝每天可以吃3次辅食，其中有2次量比较大，可以完全代替喝奶。这个月可以开始培养宝宝吃早餐的习惯了，为1岁后尽快适应家庭饮食做准备。

到本月结束时，宝宝全天的辅食量大约为谷薯类40~60g、蔬菜类40~70g、水果类40~70g、肉或水产类40~60g、蛋黄或鸡蛋1个、油5~10g，不添加任何调味品。

奶和辅食的时间安排

1. 辅食安排在什么时间?

大多数10个月的宝宝依然保持着上午和下午各1次小睡。可以将辅食安排在小睡之前或者小睡之后，也可以安排在正常的三餐时间，和家人一起吃。

2. 先吃奶还是先吃辅食?

在这个阶段，宝宝每天有两次辅食，吃完后可以不再喝奶。如果宝宝吃完辅食还要喝很多奶，说明辅食量需要增加。对于爱喝奶的宝宝，尽量不要在辅食前短时间内安排喝奶，以免影响进食量。喝奶通常安排在两次辅食之间，早晨起来以及晚上睡觉前。少数宝宝开始出现白天两觉并一觉，这一觉往往会跨越午餐时间，这时辅食应该安排在别的时间。

11个月宝宝辅食举例

● 每日三餐

第一餐	韭菜虾仁蛋黄饼
	酸奶
	梨

面粉..........10g	酸奶..........30g
韭菜..........10g	梨..........20g
虾仁..........10g	油..............2g
蛋黄..........1个	

第二餐	红薯大米软饭
	西蓝花炒牛肉
	紫菜虾皮汤

大米..........10g	紫菜..............2g
红薯..........10g	虾皮..............1g
西蓝花.......10g	油..............2g
牛肉..........15g	

第三餐	猪肉小馄饨
	黑木耳炒胡萝卜
	芒果

馄饨皮.......15g	胡萝卜.......10g
猪肉..........15g	芒果..........20g
黑木耳.......5g	油..............2g

3. 作息示例

1号宝宝虾米

妈妈全职带

白天4次配方奶、3次辅食，无夜奶。

白天2次小睡共3个小时，夜间睡9.5小时。

6:00醒来

6:30喝奶

8:00辅食

10:30喝奶

11:00～12:30小睡

13:00辅食

15:00喝奶

15:30～17:00小睡

18:00辅食

20:00喝奶

20:30睡觉

2号宝宝小柠檬

妈妈上班，中午回家喂奶

白天4次母乳、3次辅食，夜间1次夜奶。

白天2次小睡共2小时，夜间睡10小时。

6:30醒来

7:30辅食＋喝奶

9:30～10:00小睡

11:00辅食

12:30喝奶

13:00～14:30小睡

16:00喝奶

17:30辅食

19:00喝奶

20:30睡觉

本月食谱范例

表5.1　11个月宝宝辅食安排示例表

天数	第一餐	第二餐	第三餐
1	小米六倍粥、菠菜蛋黄羹、火龙果块	红薯软饭、番茄炒西葫芦、蒸三文鱼	油菜冬瓜炒意面、猪肉小馄饨、西瓜片
2	黄瓜蛋黄饼、鸡肉丸、紫薯奶糊	土豆牛肉软饭、番茄菠菜汤、梨子碎	胡萝卜猪肉包子、木耳炒莴笋、牛油果块
3	白萝卜西蓝花面疙瘩、蒸三文鱼、苹果碎	红薯小米软饭、青菜蛋黄汤、胡萝卜炒莴笋	白菜猪肉饺子、白发糕、火龙果奶糊
4	胡萝卜猪肉包子、蒸紫薯、火龙果块	番茄油菜牛肉炒意面、酸奶、白萝卜块	红薯吐司、西葫芦蛋黄羹、西瓜片

续表

天数	第一餐	第二餐	第三餐
5	紫薯六倍粥、番茄木耳炒蛋黄、西瓜块	小米软饭、西葫芦炒鸡肉、白萝卜汤	青菜鸭肉炒细面、酸奶、草莓片
6	菠菜蛋黄饼、酸奶、苹果碎	土豆紫薯软饭、虾肉丸、青菜豆腐汤	白菜猪肉饺子、番茄炒西葫芦、火龙果块
7	紫薯燕麦六倍粥、煮鸡蛋、白萝卜炒莴笋	猪肉小馄饨、菠菜炒胡萝卜、火龙果发糕	番茄鸡肝蝴蝶面、牛油果块、牛肉丸
8	胡萝卜猪肉包子、草莓奶糊、蒸南瓜	青菜胡萝卜炒意面、冬瓜蛋汤、梨子碎	紫薯六倍粥、酸奶、番茄炒鸡肉
9	白菜木耳豆腐饼、紫薯奶糊、牛肉丸	小米饮饭、番茄黄瓜炒鸡肉、草莓片	青菜三文鱼细面、蛋羹、西瓜块
10	山药燕麦六倍粥、洋葱炒鸡蛋、苹果碎	黄瓜三文鱼炒意面、冬瓜汤、牛肉丸	白菜猪肉饺子、胡萝卜炒油菜、牛油果块
11	燕麦六倍粥、白菜蛋羹、蒸南瓜	红薯软饭、白萝卜鸭肉汤、香蕉块	油菜西蓝花炒细面、猪肉丸、西瓜块
12	胡萝卜猪肉包子、紫薯山药奶糊、西瓜块	白发糕、蛋羹、木耳炒莴笋	黄瓜牛肉炒意面、菠菜猪肝汤、梨子碎
13	油菜豆腐饼、紫薯奶糊、牛油果块	小米红薯软饭、番茄紫菜牛肉汤、酸奶	青菜莴笋细面、蛋羹、苹果碎
14	菠菜蛋饼、酸奶、香蕉块	土豆紫薯软饭、白煮虾、胡萝卜炒西蓝花	白发糕、草莓奶糊、番茄白菜炒牛肉
15	山药燕麦六倍粥、菠菜蛋羹、牛油果块	黄瓜鸡肉炒意面、番茄紫菜汤、苹果碎	白吐司、莴笋炒猪肉、香蕉块
16	红薯六倍粥、香菇炒油菜、虾肉丸	小米软饭、菠菜蛋羹、香蕉块	白菜猪肉饺子、酸奶、草莓块
17	油菜面疙瘩、白菜鸡蛋羹、苹果碎	土豆软饭、番茄猪肉汤、梨子碎	西葫芦黄瓜鸭肉炒意面、香蕉奶糊、蒸红薯
18	西葫芦蛋饼、牛油果奶糊、白馒头	山药紫薯软饭、番茄汤、虾丸	菠菜鸡肝细面、黄瓜炒木耳、苹果碎
19	胡萝卜猪肉包子、煮鹌鹑蛋、莴笋炒油菜	土豆小米软饭、黄瓜牛肉汤、香蕉块	香菇鸡肉面疙瘩、酸奶、白发糕、草莓片
20	紫薯六倍粥、煮鸡蛋、番茄西葫芦炒豆腐	黄瓜鸭肉蝴蝶面、山药奶糊、苹果碎	猪肉小馄饨、香菇炒油菜、酸奶

续表

天数	第一餐	第二餐	第三餐
21	红薯小米六倍粥、香菇菠菜炒蛋、梨子碎	小米软饭、蒸三文鱼、番茄冬瓜汤	油菜鸡肉蝴蝶面、酸奶、西瓜块
22	番茄鸡肉饼、香蕉奶糊、白馒头	小米红薯软饭、蛏子蒸蛋羹、青菜炒木耳	西葫芦牛肉意面、冬瓜紫菜汤、草莓片
23	番茄黄瓜面疙瘩、煮鸡蛋、香蕉块	小米山药软饭、白菜猪肉豆腐汤、草莓块	青菜牛肉饺子、莴笋炒木耳、酸奶
24	油菜鸡肉饼、酸奶、番茄炒黄瓜	小米紫薯软饭、白菜豆腐汤、牛油果块	胡萝卜香菇包子、蛋羹、梨子碎
25	玉米燕麦六倍粥、煮鹌鹑蛋、番茄炒西葫芦	香菇猪肉饺子、牛油果奶糊、蒸红薯	菠菜鸡肝细面、黄瓜炒木耳、梨子碎
26	玉米紫薯六倍粥、猪肉丸、黄瓜炒木耳	小米软饭、香菇蛏子蛋羹、草莓块	洋葱牛肉意面、豆腐青菜汤、西瓜块
27	猪肉香菇饺子、酸奶、梨子碎	红薯小米软饭、油菜炒木耳、蛋羹	菠菜番茄细面、牛肉丸、香蕉块
28	青菜鸡蛋饼、白发糕、苹果碎	小米紫薯软饭、甜椒炒鸡肉、番茄汤	胡萝卜香菇包子、牛肉丸、香蕉奶糊
29	白发糕、甜椒菠菜蒸蛋羹、虾肉丸	紫薯软饭、香菇炒猪肝、火龙果奶糊	洋葱鸭肉意面、冬瓜汤、牛油果块
30	玉米紫薯六倍粥、牛肉丸、西蓝花炒黄瓜	白菜猪肉饺子、蛋羹、西瓜块	虾肉小馄饨、菠菜炒冬瓜、草莓块

（1）本月共添加了10种新食材，有2种谷薯类、4种蔬菜类、1种水产类、2种蛋类、1种奶类。由于添加辅食的季节、食材采购便利度、宝宝的饮食习惯、口感喜好和对食材的反应各有不同，具体辅食的安排也不相同。妈妈可根据实际情况自行替换食材或调整食材的添加顺序。

（2）建议每天吃3次辅食。

（3）建议每餐都搭配一定的主食、蔬菜或水果、肉蛋或水产类。

（4）建议每餐都提供一些手指食物。

（5）建议每天都吃1个蛋黄或鸡蛋。

（6）建议每周吃2～3次水产类食物。

（7）每天吃一些绿叶蔬菜。

（8）建议每天吃的食材超过10种：4种蔬菜、3种谷薯、2种肉蛋或水产、1种水果、1种奶类。

（9）建议患有缺铁性贫血的宝宝每周吃1次动物肝脏。

妈咪问，
苏蒂答

Q：宝宝吃饭时能不能喝汤呢？老人总说喝汤容易冲淡胃液，影响消化。

A：不足11个月的宝宝吃饭时不用喝汤，因为他们吃的奶、粥、面等食物中的水分已经很充足了。喝了汤容易使宝宝的胃更快充盈，有"吃饱"的感觉，从而影响其他食物的摄入。11个月后，如果宝宝的饮食中馒头、米饭、面饼等"干货"类食物较多，可以搭配喝一些汤，以免口中太干难以咽下食物。注意要等食物咽下去以后再喝汤，不要用汤把食物顺下去，这样会减少宝宝的自主咀嚼。不要将汤和饭混合在一起给宝宝吃，这样宝宝很容易把食物直接咽下去，增加消化负担。汤不能代替奶，不要单独把汤作为加餐。

可以给宝宝选择的汤有蔬菜汤、蛋花汤、肉汤等。炖汤时要注意撇掉表面的浮油，里面的肉或菜也可以一起吃。也可以制作一些蔬菜高汤、肉高汤冷冻成冰块，煮面、煮粥、烩饭时加入一些作为调味。

Q：夏天宝宝的食欲不好，可以做什么辅食呢？

A：宝宝夏天食欲不好，可以试试这几个做辅食的小技巧。

（1）注意补充水分、维生素和矿物质。宝宝夏天出汗多，如果水分摄入过少，唾液就会变得黏稠，难以将食物处理得足够湿润，进而影响吞咽，使宝宝产生不愉快的吃饭体验。夏天排汗排尿增多，宝宝体内的水溶性维生素和矿物质的流失也会增加，进而影响整体的消化功能。瘦肉、新鲜的蔬菜水果、鸡蛋、豆类等是补充维生素和矿物质的良好食物来源。

（2）吃饭的时候可以适当开风扇和空调，让宝宝处于相对舒适的温度下，穿轻薄的衣服，吃不太热的饭菜，从而提高宝宝的进食欲望。

（3）部分食物可以用凉拌的方式做。比如凉拌黄瓜丝、焯熟的绿豆芽拌芝麻酱、凉拌内酯豆腐、面条煮熟过冷水做成凉面、绿叶蔬菜焯熟后拌入少许油和肉松等。

（4）丰富辅食的色彩搭配。丰富的颜色可以让宝宝对食物更有兴趣，比如一餐有红色的草莓、番茄，有橙色的南瓜，黄色的玉米，绿色的西蓝花，紫色的紫薯，白色的鸡腿菇……

（5）给宝宝准备少而精的食物。夏季宝宝的食欲本来就不旺盛，如果一下子端上来一大坨食物，可能会让宝宝感觉有压力。可以把食物做少、做精或者分成小份，吃完再给宝宝添加。

（6）不要用垃圾食品取悦宝宝，不要让宝宝暴饮暴食。宝宝在夏季消化功能减弱，胃口不好，不要用冷饮、蛋糕、甜饮料、膨化食品、洋快餐来取悦宝宝，很容易造成宝宝暴饮暴食。可以安排绿豆汤、酸奶、水果、小点心等食物作为加餐。

Q：宝宝经常上火，吃东西该注意什么？

A：日常生活中常见的口腔溃疡、烦躁不安、失眠、长痘痘、喉咙疼、没胃口、小便发黄、便秘等反应，可能都被认为是"上火"，可是在现代营养学中并没有上火这一说。如果宝宝经常发生以上情况，首先要注意避免食用油炸食品，如炸鸡腿、炸薯条等，因为这些食物摄入过多会刺激口腔黏膜，使身体局部的抵抗力下降，出现咳嗽。

另外，要注意不要一次性给宝宝吃大量水果，要控制甜食的摄入，包括市售的饮料、棒冰、冰激凌、蛋糕等。巧克力制品宝宝也要尽量少吃。

有些宝宝爱吃肉，有家长为了让宝宝多吃点，会给宝宝很多肉类食物。可是高蛋白食物摄入过多，容易使宝宝出现腹部不适、胃口差、大便干结等情况。肉吃多了，蔬菜水果的摄入便会减少，维生素C的摄入自然也会减少，很容易出现口腔溃疡、牙龈出血等情况。

如果家里一直以精白面食为主食，宝宝可能会缺乏B族维生素，出现口角炎等类似"上火"的问题。可以在做饭煮粥的时候加入少量粗杂粮，补充B族维生素。

Q：反季节蔬菜水果能吃吗？会不会对宝宝有害？

A：反季节不等于反自然。常见的反季节蔬菜水果通常有三个来源：第一是长时间冷冻保存的，比如超市冷柜里的冻蚕豆、冻豌豆等；第二是从其他地区长途运输过来的，比如荔枝、水蜜桃等；第三是大棚种植的，比如冬天采摘的草莓。前两种其实并不是反季节蔬菜，他们对于生产地而言都是顺应季节的，只是对于消费地而言是反季节。

很多家长担心反季节蔬菜中有很多植物激素和农药，对宝宝健康有害。其实，植物激素和人体"激素"完全是两回事儿，并不会让孩子早熟。适量使用农药也是为了保护蔬果不受虫害。吃之前只要用流水搓洗干净，能去皮的尽量都去皮，并不会对人体造成危害的。

蔬菜和水果是宝宝日常饮食中重要的组成部分，含有丰富的维生素、矿物质和膳食纤维。无论在什么季节，吃蔬菜水果肯定比不吃要好，家长们千万不要为反季节蔬菜水果而过分担忧。

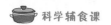

第2节 12个月，鼓励宝宝自主进食

终于迎来辅食添加的第12个月了，这个月结束，小宝宝就正式升级为大宝宝了。本月龄的宝宝开始对食物有些挑剔了，顺利吃完一顿饭的次数也逐渐变少。除了添加辅食的技巧，妈妈们还要注意变化食物的质地、性状和搭配。无论宝宝喜不喜欢吃饭，都要让宝宝坚持吃，让他安静、专心地享受美食，养成自主吃饭的好习惯。

适合宝宝的食物性状

12个月的宝宝吃碎块状食物已经不在话下了。餐桌上的他们总是显得特别"忙"，一会儿玩食物，一会儿研究下餐具。随着对周围环境的探索欲越来越强，宝宝很少能安静地吃完一顿辅食了，更不喜欢被大人喂。多准备一些"新鲜玩意儿"吸引他们的注意力吧，可以多安排一些手指食物，同时注意控制用餐的时间，争取让他们在耐心耗尽前多吃一些。可以将食物处理成直径约0.8cm大小的碎块，同时给宝宝更多形状的手指食物鼓励他们自主进食。如果这个月龄的宝宝还无法处理小颗粒的食物，那就要抓紧锻炼咀嚼能力了。

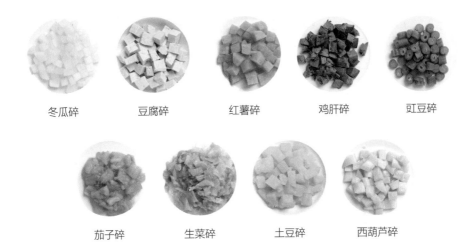

冬瓜碎　　　豆腐碎　　　红薯碎　　　鸡肝碎　　　豇豆碎

茄子碎　　　生菜碎　　　土豆碎　　　西葫芦碎

宝宝每天吃多少?

　　母乳或配方奶依然是本月龄宝宝最主要的营养和能量来源，宝宝全天的喝奶量应在500~600mL，母乳喂养的宝宝白天应该有3~4次亲喂，可以开始有计划地断夜奶了。

　　11个月的宝宝每天可以安排3次辅食，其中有2顿辅食完全代替喝奶，3顿辅食都代替喝奶也是可以的。

　　到本月结束时，宝宝全天的辅食量大约为主食50~75g、蔬菜60~100g、水果60~100g、肉鱼虾60~75g、蛋黄或鸡蛋1个、油5~10g，不添加任何调味品。

奶和辅食的时间安排

1. 辅食安排在什么时间?

　　本月辅食安排基本和上个月相同。越来越多的宝宝开始出现白天只睡一觉的情况，此时应将原本安排在中午的辅食提前，以免宝宝在中午因疲劳而不愿意吃辅食。

12个月宝宝辅食举例

● 每日三餐

第一餐 | 吐司
水煮蛋
四季豆生菜炒鸡肉
香蕉

吐司.......... 15g   鸡蛋........... 1个
四季豆....... 10g   香蕉.......... 20g
生菜........... 5g   油.............. 2g
鸡肉.......... 10g

第二餐 | 土豆黑米大米软饭
蒸三文鱼
绿豆芽炒韭菜

大米.......... 15g   绿豆芽 5g
土豆............ 5g   韭菜............ 5g
黑米............ 3g   油.............. 2g
三文鱼 2g

第三餐 | 牛肉娃娃菜炒意面
青菜海鲜菇汤
苹果

意面.......... 15g   海鲜菇 10g
娃娃菜 .... 10g   苹果.......... 20g
牛肉.......... 10g   油.............. 2g
青菜.......... 10g

2. 作息示例

玥玥

白天4次母乳、3次辅食，夜间2次夜奶。

白天2次小睡共2.5个小时，夜间睡9.5小时。

6:30醒来

7:00喝奶

8:30辅食

9:30~10:30小睡

12:00喝奶

13:00~14:30小睡

15:00辅食

17:30喝奶

19:00辅食

20:30喝奶

21:00睡觉

爽爽

白天3次母乳、1次酸奶、3次辅食，无夜奶。

白天2次小睡共3小时，夜间睡9.5小时。

6:00醒来

6:30喝奶

8:00辅食

10:00~11:30小睡

12:00辅食＋喝奶

14:00喝奶

15:00~16:30小睡

17:30辅食

20:00喝奶

20:30睡觉

本月食谱范例

宝宝本月的饮食更丰富了，每餐搭配不同的食物，不仅营养全面，还能让宝宝有新鲜感。建议每餐多准备一些适合抓握的食物，鼓励宝宝自己进餐。一些宝宝对勺子感兴趣，也可以开始练习。

表5.2　12个月宝宝辅食安排示例表

天数	第一餐	第二餐	第三餐
1	红薯玉米六倍粥、煮鹌鹑蛋、冬瓜炒番茄	猪肉小馄饨、香菇炒油菜、火龙果发糕	白菜木耳鸡肝炒蝴蝶面、蒸巴沙鱼、牛油果块
2	青菜蛋饼、酸奶、火龙果块	小米山药软饭、牛肉丸、白菜豆腐汤	香菇猪肉饺子、木耳炒白萝卜、草莓块

续表

天数	第一餐	第二餐	第三餐
3	燕麦紫薯六倍粥、西葫芦油菜炒蛋、香蕉块	玉米软饭、菠菜炒牛肉、紫菜汤	洋葱番茄鸡肉细面、酸奶、苹果片
4	香菇猪肉包子、煮玉米、梨子片	洋葱番茄鸭肉炒意面、酸奶、蒸南瓜	全麦吐司、油菜紫菜蛋羹、牛油果块
5	油菜冬瓜全麦面疙瘩、蒸三文鱼、香蕉块	玉米小米软饭、番茄蛋汤、菠菜炒木耳	胡萝卜牛肉饺子、白发糕、火龙果奶糊
6	西葫芦蛋饼、牛肉丸、玉米奶糊	紫薯小米鸡肉软饭、莴笋叶紫菜汤、草莓块	白菜猪肉包子、西蓝花炒木耳、火龙果块
7	紫薯六倍粥、甜椒蛋羹、梨子片	山药玉米软饭、绿豆芽炒青菜、煮河虾	番茄胡萝卜炒意面、猪肉小馄饨、西瓜块
8	白菜猪肉包子、油菜炒绿豆芽、梨子片	西蓝花炒意面、黄瓜蛋汤、草莓块	红薯六倍粥、酸奶、胡萝卜炒鸡肉
9	燕麦小米六倍粥、油菜蛋羹、梨子片	菠菜牛肉炒意面、白萝卜番茄汤、草莓块	白吐司、香菇胡萝卜炒鸡肉、西瓜块
10	冬瓜西蓝花蛋饼、酸奶、猕猴桃块	紫薯山药软饭、蒸三文鱼、甜椒炒胡萝卜	发糕、牛油果奶糊、洋葱莴笋叶炒鸭肉
11	香菇豆腐饼、紫薯奶糊、猕猴桃块	小米土豆软饭、番茄冬瓜牛肉汤、酸奶	油菜胡萝卜细面、菠菜蛋羹、苹果片
12	白菜猪肉包子、红薯山药奶糊、草莓块	发糕、蛋羹、香菇炒西葫芦	洋葱黄瓜牛肉炒意面、菠菜猪肝汤、西瓜块
13	红薯六倍粥、紫甘蓝蛋羹、蒸南瓜	小米软饭、白萝卜紫菜牛肉汤、牛油果块	菠菜西葫芦细面、菠菜蛋羹、苹果片
14	紫薯小米六倍粥、番茄炒蛋、香蕉块	菠菜鸡肉炒意面、冬瓜汤、猪肉丸	香菇牛肉饺子、莴笋炒木耳、猕猴桃块
15	番茄黄瓜豆腐饼、红薯奶糊、牛肉丸	小米软饭、洋葱甜椒炒鸡肉、草莓块	西蓝花油菜蛏子炒细面、蛋羹、牛油果块
16	韭菜猪肉饼、香蕉奶糊、馒头	小米紫薯软饭、蛏子蛋羹、绿豆芽炒油菜	番茄牛肉炒意面、冬瓜紫菜汤、猕猴桃块
17	小米山药六倍粥、韭菜胡萝卜炒蛋、牛油果块	小米软饭、蒸昂刺鱼、菠菜白萝卜汤	绿豆芽紫甘蓝鸡肉炒蝴蝶面、酸奶、梨子片

续表

天数	第一餐	第二餐	第三餐
18	紫薯六倍粥、煮鹌鹑蛋、番茄炒西葫芦	胡萝卜菠菜牛肉蝴蝶面、山药奶糊、猕猴桃块	猪肉小馄饨、香菇炒莴笋、酸奶
19	香菇猪肉包子、煮鸡蛋、韭菜炒茭白	紫薯小米软饭、冬瓜牛肉汤、苹果片	黄瓜鸡肉面疙瘩、酸奶、牛油果块
20	韭菜蛋饼、香蕉奶糊、白馒头	土豆红薯软饭、紫菜冬瓜汤、猪肉丸	番茄鸡肝细面、木耳炒菠菜、猕猴桃块
21	菠菜胡萝卜面疙瘩、白菜蛋羹、猕猴桃块	小米软饭、黄瓜鸭肉汤、火龙果块	洋葱甜椒牛肉炒意面、草莓奶糊、蒸山药
22	燕麦六倍粥、西蓝花炒绿豆芽、蒸带鱼	紫薯软饭、菠菜紫甘蓝蛋羹、酸奶、猕猴桃块	白菜猪肉饺子、酸奶、苹果片
23	菠菜胡萝卜面疙瘩、煮鹌鹑蛋、牛油果块	玉米山药软饭、白菜鸭肉豆腐汤、草莓块	香菇牛肉饺子、酸奶、油菜炒木耳
24	红薯小米六倍粥、猪肉丸、洋葱炒甜椒	香菇牛肉饺子、菠菜蛋羹、梨子片	巴沙鱼小馄饨、胡萝卜炒黄瓜、西瓜块
25	发糕、菠菜胡萝卜蛋羹、猪肉丸	小米软饭、冬瓜炒鸭血、草莓奶糊	洋葱牛肉炒意面、黄瓜紫菜汤、梨子片
26	西葫芦蛋饼、发糕、草莓块	玉米小米软饭、洋葱炒牛肉、黄瓜青菜汤	胡萝卜猪肉包子、虾肉丸、火龙果奶糊
27	白菜猪肉饺子、酸奶、梨子片	红薯山药软饭、莴笋叶炒木耳、蛋羹	番茄西蓝花细面、牛肉丸、牛油果块
28	燕麦小米核桃碎六倍粥、猪肉丸、香菇炒青菜	红薯软饭、白菜牛肉蛋羹、猕猴桃块	洋葱番茄鸡肉炒意面、紫菜汤、苹果片
29	紫薯小米六倍粥、煮鸡蛋、番茄炒西葫芦	白菜猪肉饺子、香蕉奶糊、煮玉米	青菜鸡肝细面、木耳炒绿豆芽、猕猴桃块
30	香菇鸡肉饼、酸奶、菠菜炒冬瓜	山药小米软饭、紫菜豆腐汤、火龙果块	胡萝卜猪肉包子、蛋羹、梨子片

（1）本月一共添加了10种新食材，有1种谷薯类、4种蔬菜类、1种水果类、2种水产类、1种血块类、1种坚果类。由于添加辅食的季节、食材采购便利

度、宝宝的饮食习惯、口感喜好、对食材的反应不同，具体辅食的安排也不相同。妈妈可根据实际情况替换食材或调整食材的添加顺序。

（2）建议每天稳定吃3次辅食。

（3）建议每餐都搭配一定的主食、蔬菜或水果、肉蛋或水产类食物。

（4）建议每次辅食多准备一些手指食物。

（5）建议每天吃1个蛋黄或鸡蛋。

（6）建议每周吃2~3次水产类食物。

（7）建议每天吃一些绿叶蔬菜。

（8）建议每天吃的食材超过10种：4种蔬菜、3种谷薯、2种肉蛋水产、1种水果、1种奶类。

（9）建议患有缺铁性贫血的宝宝每周吃1次动物肝脏。

Q：经常会带大点儿的宝宝外出，期间带什么辅食好呢？

A：外出就餐的环境和条件都很有限，因此方便、卫生、容易携带的食物是外出的首选。如果只是简单垫垫肚子，可以为6个月以上尝试过酸奶的宝宝带常温酸奶，1岁以上的宝宝可以带上几包纯牛奶，又解渴又顶饿。

（1）食物的选择

主食类：对于7~12个月的宝宝，可以带婴儿米粉、即食宝宝粥、冻干宝宝面或即食燕麦片，用水冲泡一下就可以吃了。如果宝宝能吃米饭，可以做几个寿司放在饭盒里带着。如果宝宝爱吃糕饼，可以带些自制的小蛋糕或者小饼，既方便又卫生。

富含蛋白质的肉蛋奶类：最方便携带的富含蛋白质食物就是鸡蛋了，煮熟的鸡蛋、鹌鹑蛋都不错，炒鸡蛋或者蒸蛋羹在外也比较容易买到。肉、鱼、虾等肉类不方便携带，也不方便烹调，可以带一些自制的肉松或者成品辅食泥，开罐即食。

水果蔬菜类：水果非常方便携带，比如橘子、苹果、圣女果等，洗干净或者剥开就能吃。蔬菜可以选择成品辅食泥，如豌豆泥、胡萝卜泥等，可以拌在米粉和粥里吃。蔬果泥吸吸乐也很受宝宝的欢迎。对于咀嚼力较好的宝宝，冻干的蔬菜干和水果干也是不错的选择。

此外，用面包片、蔬菜、肉类、蛋类做成的三明治；菜肉混合面粉做成的饼；包裹菜和蛋的寿司饭团；煮熟后仅需要加热的水饺等都适合外出携带。

如果宝宝热爱手指食物，需要为他多准备一些适合抓握的食物。

如果时间紧张来不及准备只能在饭店吃饭，尽量选择能点菜的中餐厅。主食可以选择粥、面条、米饭、玉米、红薯、山药、土豆等；蔬菜可以吃汤中的或者清炒的蔬菜；蛋白质类食物可以选择炖蛋、炒蛋、煮虾、蒸鱼等。

（2）餐具的选择

如果不想带餐盘的话，一次性餐垫是卫生又轻便的好选择，也可以把保鲜膜沾水铺在桌面上代替餐盘，虽然颜值低了一点，但相当实用，吃完直接丢掉即可。

可以用便当盒、辅食盒、奶粉盒、布丁杯等装一些需要冲泡的粉、小零食、水果等，可以有效防止食物被挤烂。有那种容量较大的便当盒，可以在其中放入分菜杯，防止有汤汁的食物混合串味。

如果空间足够，还可以带上塑料或布的便携宝宝餐椅。一次性围嘴是吃饭的好帮手，轻薄不占空间。还可以在能反复吸的吸吸乐里装入水果奶昔、混合辅食泥、酸奶等食物，方便携带又不容易弄脏衣服。

如果条件实在不允许，宝宝几餐的饮食不如平时那么精致也没有大碍。和宝宝开心地游玩，享受旅行的快乐，回家再好好补营养就可以了。

Q：时间紧张的情况下，如何给宝宝准备丰盛的早餐呢？

A：一份丰盛的早餐应该包含主食、富含蛋白质的食物、蔬菜或水果，这样才能使宝宝一上午都精力充沛。准备丰盛的早餐不需要花很长时间，掌握以下方法，你也能轻松完成。

● 主食的处理

利用好有预约功能的炖盅或电饭锅，第二天早上就能吃到热粥了。即食燕麦片用热水冲泡焖一会儿就能吃。空闲时可以多做些包子、花卷、发糕等面点冷冻保存，早晨取出来蒸15分钟就可以吃了。可以在家中备一些辅食面，早晨煮10分钟就可以吃了。如果想吃饼，可以将做饼的原料调成面糊后封上保鲜膜放入冰箱中冷藏，早上拿出来搅拌一下就可以用了。蒸一些红薯、紫薯、玉米、山药等也是不错的选择。

● 富含蛋白质食物的处理

鸡蛋是补充蛋白质的好食材，做法也很多样，煮鸡蛋、炒鸡蛋都能快速做好。豆腐直接下水煮熟就可以，豆干可以切块下锅炒。可以在超市购买纯牛奶，天冷时加热一下就能喝了。此外，奶酪片、酸奶也是不错的乳制品。各种生肉类处理起来相对麻烦，可以将生肉制成丸子、肉肠等冷冻保存，早晨起来加热会很方便。

● 蔬菜、水果的处理

蔬菜和水果很有营养，但是在早餐中经常被妈妈忽略。可以提前购买新鲜的绿叶蔬菜，放入冰箱冷藏到第二天早上吃。一些非绿叶蔬菜如白萝卜、胡萝卜、莴笋、黄瓜、四季豆等常温就能保存很长时间。蔬菜常见的烹调方式有凉拌和热炒2种。适合凉拌的一般是草酸少、涩味少的蔬菜，比如生菜、黄瓜、番茄等，这类蔬菜可以加一些花生酱、芝麻酱拌匀吃，非常方便。炒菜也不会花费很长时间，如果是豇豆、胡萝卜等比较难熟的蔬菜，可以在前一晚焯烫到半熟后冷藏，早上再炒。如果没空做蔬菜，吃点水果也不错。

● 利用好你的厨房电器

能够预约、自动烹调的厨房电器会大大节约你做早餐的时间，电蒸锅、电饭锅、电炖盅、电饼铛、面包机等都是做早餐的好帮手。

● 多做食材丰富的辅食

番茄炒蛋是蔬菜类和富蛋白类食物的结合，香蕉饼是水果类和主食类的结合，青菜面是蔬菜类和主食类的结合……灵活搭配不同种食材，让一份食物包含多种类型的食材，自然能大幅度缩短烹调时间。

● 动手之前先动脑

要想节约早上的时间，前一天就要规划好食物安排，提前进行食物采购和食材的预处理。便利贴是一个好帮手，你可以把要买的食材以及第二天要做的食物提前写到便利贴上，贴在明显的地方，早晨就不会手忙脚乱了。

Q：宝宝快1岁了，是不是可以加盐了？

A：食盐的主要成分是氯化钠，1g食盐约含有400mg钠。钠除了在食盐中存在，还广泛存在于各类天然食物中，比如鸡蛋、青菜、带鱼等。此外，奶酪、海苔、挂面等加工食品中也含有不少的钠。酱油、鸡精等调味品中的钠就更多了。

过多摄入钠虽然不会引起严重的反应，但是会加重宝宝肾脏的负担，加速钙的排泄。更重要的是，咸味会掩盖食物的天然滋味，让宝宝逐渐变得重口味，不利于成年后的身体健康。

1~3岁的宝宝如果能接受原味食物，可以不加盐。如果要加的话，每天1~2g即可。平时要注意尽量不给宝宝吃袋装零食和含盐多的食品，注意饮食清淡，培养宝宝对天然食物的兴趣。

Q：给宝宝断奶一定要等到春秋季吗？怎么断奶比较合适？

A：宝宝断奶的季节和时间其实并不重要，妈妈更需要重点考虑这三个问题。

第一，断奶后吃哪种乳制品。无论从口感还是情感角度，母乳宝宝都需要一段时间去适应其他的乳制品。如果准备断奶，最好提前让宝宝熟悉其他乳制品的味道，确保不会发生不耐受，然后再慢慢减少母乳。

第二，断奶后的营养支持。断奶对宝宝来说，是饮食方式和习惯的转变，短时间内宝宝可能会表现得不适应、不顺从、哭闹有情绪。此时在饮食上要注意营养搭配，多准备新鲜的食物吸引宝宝的注意，为宝宝提供合适的主食、蔬菜、水

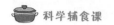

果、肉蛋鱼虾、奶类，促进宝宝的食欲。

第三，注意安抚宝宝的情绪。在断奶期妈妈要给予宝宝更多的陪伴，要让宝宝明白，除了母乳喂养，妈妈的爱还有很多种方式。

如果上述三点你都准备好了，那么任何季节都可以断奶。如果宝宝正处于长牙、生病等特殊的时期，那么对母乳的依恋会增加，应该另择时机断奶。

可以尝试的断奶方法

● 先断最容易的一顿。比如下午这顿奶宝宝喝得不多，依赖性不强，可以试着在这顿给宝宝喝其他乳制品。等宝宝适应了、接受了，再断其他时间段的母乳。

● 在宝宝要求吃母乳的时候转移他的注意力，比如陪他玩耍、阅读绘本等。

● 将母乳和其他乳制品少量混合后装入奶瓶中让宝宝喝，减轻宝宝的抵触情绪。

● 给宝宝讲"奶精灵飞走了"的故事，或者约定好一个断奶的日子，和宝宝一起倒计时，增强仪式感。

辅食喂养的第二个转折点

辅食添加末期是承上启下的重要阶段，也是巩固良好进餐习惯的关键期。每个妈妈都希望宝宝吃辅食时能好好坐餐椅、耐心咀嚼、专注吃饭。一个拒绝坐餐椅、逢吃必哭的宝宝会让每一次吃饭都成为全家人的噩梦。从发展心理学的角度来说，从婴儿期慢慢步入幼儿期的宝宝，已经掌握了快速爬行以及扶物站立的本领，他们对世界和自己的认识都越来越清晰，一个五彩斑斓的自我"小宇宙"正在逐步形成。相比前几个月，他们现在可不那么"好对付"了，吃饭时的要求和反抗越来越多，似乎在不断地给妈妈施加压力。一些性子急躁的妈妈也终于按捺不住，开始用暴力控制局面。乖巧的宝宝即将一去不复返，我们应该如何帮助宝宝顺利度过这段饮食的"叛逆期"呢？

宝宝不坐餐椅了，试试饥饿疗法吧

● 喂养难题

在这个阶段，一些宝宝开始不爱坐餐椅了，他们吃着吃着就想从餐椅里出来或者站起来，不被允许就使劲哭。2017年快过年时，一位老粉丝向我求助。她的女儿19个月，拒绝在餐椅上进食，吃饭时必须用手机或电视听着儿歌，边跳舞边吃饭。妈妈要照顾二宝，只能由老人满屋追着喂饭，还得陪唱陪跳。一天3顿，持续了4个月，家里的老人都吃不消了。她也想过，是不是应该把宝宝抱下来吃，为了让宝宝吃饭，家长是不是只能

妥协？

● 分析与解决办法

11个月左右的宝宝四肢力量变强，手脚配合可以支撑起身体。如果坐餐椅时没有给宝宝扣上绑带，他们很容易从餐椅里挣脱出来。有的家长为了让宝宝配合吃饭，一边扶着宝宝站在餐椅里，一边喂他吃饭；还有的家长把宝宝抱在腿上，放在爬行垫或者床上，喂他们吃饭。这些喂饭方式看似合情合理，但是宝宝一旦习惯在餐椅外吃饭，就很难再适应坐餐椅了。因为对宝宝来说，坐在餐椅上有种被束缚的感觉。等宝宝力气更大、爬行走路的能力更强，家长就很难控制他的行动，只能跟在他后面追着喂了。我们小时候也曾经历过"追着喂"，也难怪很多家庭会延续这样的办法，但是这么做并不利于养成良好的进餐习惯。这个时候，不妨试试饥饿疗法吧。

● 什么是"饥饿疗法"？

"饥饿疗法"顾名思义就是让孩子感受饥饿。很多家长想当然地以为饥饿疗法就是饿饿他、吓吓他，全然不顾这套办法的前提条件和后续注意事项，这是对饥饿疗法的曲解。感受饥饿不代表用挨饿来惩罚孩子。

● 什么情况适合用饥饿疗法？

简单来说，所有不良的饮食习惯都适用，如追喂、不坐餐椅、吃饭时玩玩具和看电视、抱喂、奖励零食等，不包括挑食、扔饭、扔餐具、玩饭、吐食物、吃饭不专心、吃得少、生病没胃口等。看出区别了吗？前者是"不良习惯"、后者是孩子发育过程中某个特定阶段的进食"表现"，千万不能混为一谈。

● 饥饿疗法的核心内容

尝试饥饿疗法前，我们先了解一下"饥饿疗法"的核心内容。

"饥饿疗法"核心一：明确规则。

在宝宝的成长过程中，妈妈要帮助他明白爱可以是无条件的，但世界是有规则。有利于宝宝成长的规则，应该尽早制订并且坚决执行。在吃饭这件事上，坐餐椅就是最基本的规则，不仅可以保证宝宝的进食安全，还能帮助他将注意力集中在食物上，更好地自主进食。

在长期追喂的过程中，"吃饭必须坐餐椅、下餐椅就没东西吃"的规则早已荡然无存。对宝宝来说坐餐椅是一种限制和约束，让他再次坐上餐椅，宝宝必然会哭闹反抗。很多妈妈不忍心听宝宝的哭声，宝宝一哭，妈妈就觉得宝宝弱小无助，应该马上满足他的要求。等我们冷静下来也不难想明白，宝宝要求不能全部满足，对不合理的要求应该加以引导和管教。面对宝宝的哭闹，我们需要温柔地坚持规则。

在实际操作中，我们可能会遇到这三种情况。

第1种情况：宝宝绑上绑带就哭。这时要告诉宝宝，妈妈知道你不想坐餐椅，下来吃会让你觉得更舒服。但是很抱歉，你想吃饭就必须坐在餐椅上吃饭，以前那种吃法以后都不会再有了。如果你不想吃可以下来，但是下来就不能再吃饭了。

第2种情况：宝宝吃了一会儿就坐不住了，想要下来。这种情况很常见，在宝宝想要下来时，先询问他的意见，要让他清楚知道：从餐椅上下来就不能继续吃饭了。如果宝宝仍然坚持要下来就马上结束用餐。

第3种情况：宝宝下桌后因为不能再吃东西而大哭。此时是重申规则的最佳时机。要让宝宝知道，妈妈知道你因为吃不到东西而不开心，但是既然选择从餐椅上下来，就不可以再吃了，等到下次进餐时才能吃东西。

"饥饿疗法"核心二：认识饥饿。

感知饿和饱是人的本能，饥饿也是主动进食的根本动力。在追喂的过程中，宝宝敷衍式地吃东西使饿和饱的感受被弱化了，我们现在需要在规律进餐的基础上，重建宝宝对饿和饱的感受。

宝宝要求下桌后，家长要注意在下一次加餐或正餐前不要给他吃任何食物，包括奶。在宝宝饿了想要吃食物时再次强调规则。我们让宝宝感到饥饿，并不是要惩罚他，而是他应该承担因自己选择"不吃"而产生的饥饿感。我们平时可以在宝宝面前强化"饿"和"饱"的概念，比如在宝宝上餐椅时说："宝宝肚子饿啦，我们要吃东西啦！"吃完后对他说："宝宝吃饱啦，看看小肚子有没有鼓起来？"

"饥饿疗法"核心三：尊重孩子。

经常看见一些妈妈将"饥饿疗法"片面地理解成"饿孩子几顿他就乖乖吃

饭了"。缺乏尊重的规则只能是惩罚的代名词。宝宝也是有思想、有感知的个体，他有选择不吃和不开心情绪的权利。我们要引导、帮助他改正习惯，而不是站在宝宝的对立面。我们也要尊重规则，制订了规则就要认真对待，家人要统一态度，一旦实施就不能妥协。如果只是抱着试试看的心态，很容易打退堂鼓，到最后解决不了问题还白折腾宝宝。

● 饥饿疗法的具体操作步骤

（1）没收所有玩具、音乐盒，关掉电视、收音机，要求孩子坐在餐椅上，消除一切干扰吃饭的因素。

（2）给孩子提供适合它年龄、合理分量的食物，用孩子自己的餐具盛放食物。有能力自己吃饭的孩子给他提供勺子或筷子。

（3）吃饭前告诉孩子进食规则，他可以选择吃或者不吃，如果不吃，就要到下顿才能吃东西了。可以用一个孩子看得懂的计时器来设定一次吃饭的时间，比如20分钟的沙漏或者小闹钟。告诉孩子规定时间一到就要收掉所有食物。多强调几次规则，待孩子表示接受后，进行下一步。

（4）让孩子安静地吃饭。期间孩子可能会哭闹、不服从，家长要保持耐心。在规定的时间内不要发火和责骂孩子。

（5）规定时间一到，马上和孩子确认本次吃饭的时间到了，要把食物全部收走。然后在孩子的注视下把食物收走、倒掉。

（6）让孩子下餐椅，在下一餐之前不能给任何零食、水果，喝奶也要控制量。尤其是母乳喂养的妈妈，期间不能额外增加喂奶的次数，以免孩子通过吃奶来缓解饥饿的感觉。如果孩子吵闹要吃东西，就和他重复吃饭前定的规矩。

（7）下一顿饭仍然重复上述步骤。不要因为孩子吃不进多少就不好好准备食物。

● 效果与反馈

这位妈妈在纠结、犹豫了3天后，终于下定决心执行，仅用4天就改变了现状。现在宝宝吃饭时会主动要求坐餐椅，在餐桌上不仅不会哭闹不止，还能独自吃一部分食物。

要吃大人碗里的食物，不吃自己的

● 喂养难题

很多家长会有这样的困惑：宝宝总是指着大人碗里的食物表示想吃，不给就哭闹，而且也不肯戴围兜了，一戴就自己扯掉，这是怎么回事呢？

● 分析与解决办法

在辅食添加末期，宝宝开始对大人的食物以及模仿大人吃饭产生强烈兴趣，急切地想要融入大餐桌的"派对"中，他们开始会用指向动作来表达自己的意愿。很多时候宝宝指大人的食物不一定是想吃，而是对大人的食物很好奇。我们可以准备一份宝宝的食物放到大人的食物中，并自然地"分享"给他。也可以把宝宝的吃饭时间和大人的错开，让宝宝进餐更专心。

为了满足宝宝的好奇心，可以在他吃饭的时候向他多介绍食物，比如"这块是胡萝卜，红红的真漂亮""软软的香蕉真甜呀""今天宝宝吃的是土豆，妈妈吃的也是土豆"。宝宝好奇心得到满足后，要求吃大人食物的行为自然也会减少。

在这个阶段，宝宝的"自我"意识也越来越强烈，可能会抗拒其他人碰自己的头、拉自己的手、给自己穿衣服等行为。宝宝拒绝戴围兜的原因除了觉得戴围兜不舒服外，也是在抗拒身体"被摆弄"。妈妈可以试着给宝宝戴轻薄的布围兜或者一次性围兜，让宝宝感觉不到它的存在。天热时也可以让宝宝光着上半身吃饭，吃完再冲洗干净。饭前趁着宝宝玩耍、看书的"松懈"时间给他戴上围兜或者穿上反穿衣，会比坐上餐椅后再戴更顺利。戴好围兜后带宝宝照照镜子，愉快地和宝宝击一个掌吧。如果这些方法都行不通，就在吃完后多花一些时间做清洁吧，别太烦恼，这种情况只会持续很短的时间。

宝宝突然不爱吃饭，可能是长牙了

● 喂养难题

不少宝宝之前吃饭的情况一直不错，可最近突然什么都不肯吃了，吃

几口就哭闹着要下桌，让妈妈们头痛不已。

● **分析与解决办法**

辅食末期是宝宝出牙的迅猛期，宝宝突然不爱吃饭可能是牙齿正在萌发，让宝宝感觉很不舒服。当宝宝出现以下表现，妈妈就要注意观察宝宝的出牙情况了。

● 日常行为的改变

宝宝变得喜欢啃咬东西、口水增多；有的宝宝会发低热；有的宝宝会黏在大人身上频繁且强烈地要求被抱和被安抚；有的宝宝夜间会睡不好，会频繁地醒来、哭闹或要求夜奶。

● 餐桌上的反常行为

宝宝在餐桌上可能会用勺子、碗边、手指、甚至桌角来磨牙。宝宝可能一开始对食物有兴趣，但吃一会儿就开始哭闹、不耐烦、不肯吃。宝宝可能会把食物含在嘴里很久不动或者把食物吐出来。有小部分宝宝会拒绝一切放进嘴巴的东西，包括食物、餐具、奶嘴、乳头。

● 特别的食物偏好

大部分宝宝在长牙期会偏爱柔软不怎么需要咀嚼的食物，比如粥、汤、糊、烂面等，拒绝较硬的食物，好像进食能力发生了"退化"。在这个阶段，凉一些的食物比温热的食物更受宝宝欢迎。带有酸甜味的食物也比清淡的食物更容易引起宝宝的兴趣，比如酸奶、水果等。也有少数宝宝反其道而行之，喜欢用硬脆的食物磨牙，不喜欢吃柔软食物；或者大部分时候喜欢吃柔软食物，但保留对某些硬食物的喜爱。

宝宝处于出牙期，家长们该如何做呢？

● 提供合适的食物

可以给宝宝提供单一或者混合多种食材的米糊，也可以给宝宝准备浓汤。汤中可以加土豆、红薯、玉米等富含淀粉食材，可以加面粉来增加浓稠度，还可以加纯牛奶、配方奶、奶酪、肉泥、鱼泥、蛋黄等调味。如果宝宝愿意接受稍带颗粒感的食物，添加了食物泥和食物碎的稠粥、颗粒面会是不错的选择。记得将食物放凉些再喂给宝宝，也可以加入凉的酸奶、果泥搅拌，让宝宝更容易接受。

● 自主进食的工具

一部分宝宝不愿意再被家长喂食了，但他们还不具备自己用勺子吃的能力，此时可以将糊、粥、面、汤等食物放入可重复吸的吸吸乐中让宝宝拿着吸，或者让妈妈帮忙挤进嘴里。对于大一点儿的宝宝，还可以将食物装入吸管碗中，鼓励宝宝捧着碗吮吸食物。

每个宝宝对出牙不适感的耐受程度不同，有些宝宝在出牙时几乎不影响吃辅食，以至于牙齿露出来了妈妈才发现宝宝长牙了；有些宝宝则因出牙变得十分"娇气"，吃辅食时哼唧哭闹，要注意加餐时给宝宝再补充一些食物。如果宝宝出牙对进食影响非常大，建议去看医生。

第 6 章

幼儿期的食物安排

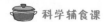

第1节 1~3岁怎么吃？

宝宝在1岁之后的饮食模式逐渐接近成人，吃饭的时间也越来越规律和统一。随着乳磨牙萌出，他们咀嚼食物的效率更高了，可以选择的食物也更加丰富。宝宝1岁以后的消化能力越来越强，排便也会逐渐变得规律。如果宝宝之前对某些食物过敏，现在大部分可以脱敏了。大部分宝宝在1岁后可以自主进食一些食物，一些宝宝还能使用勺子进食。随着宝宝控制食物的能力增强，食物掉落的情况会越来越少，喝水、喝奶也越来越流畅。宝宝上午的小睡逐渐消失，这可能会影响中午的进餐质量。在这个阶段，妈妈要在坚持进餐的基础上调整宝宝的饮食，并适当降低对宝宝的期待，帮助宝宝顺利度过这段时期。

适合宝宝的食物性状

1~3岁宝宝的咀嚼能力开始变强，能够处理大部分较大颗粒的食材。也有很多宝宝再也不愿意吃糊状食物了，正式宣告自己已经长大了！1~3岁的宝宝常表现出不同程度的挑食，可以将食材处理成0.8~1cm的颗粒，灵活混搭、彼此"掩护"，尽量不要让宝宝直接选择。在这个阶段，手指食物不再需要单独制作了，因为几乎所有食物都可以当作手指食物。随着宝宝咀嚼能力的不断增强，食物可以处理成更大的颗粒。

宝宝每天吃多少？

1岁以后，宝宝的喝奶量逐渐下降，喝奶不再是营养和能量的主要来源了，从母乳或配方奶以外的食物中获得的营养和能量成了主力军。宝宝的饮食安排逐渐向3次正餐加2～3次加餐的模式过渡。母乳喂养的宝宝白天吃2～3次奶，不再吃夜奶了。

1～2岁宝宝全天的食物摄入量大约为：主食50～100g、蔬菜50～150g、水果50～150g、肉鱼虾50～75g、蛋黄或鸡蛋1个、油5～15g、奶类500mL、盐小于1.5g。

2～3岁宝宝全天的食物摄入量大约为主食70～125g、薯类适量、蔬菜100～200g、水果100～200g、肉鱼虾50～75g、鸡蛋1个、奶类350～500mL、豆制品5～15g、油10～20g、盐小于2g。

正餐和加餐的安排

1. 正餐和加餐安排在什么时间？

在这个阶段，宝宝吃正餐的时间可以和大人同步，全家人可以一起吃三餐了，这对培养宝宝的饮食习惯以及帮助宝宝融入家庭餐桌氛围很有帮助。

加餐通常安排在上午、下午、晚上睡觉前（只喝奶）、早晨起来（只喝奶）这几个时间，可以根据宝宝正餐的进食情况来调整加餐。如果宝宝正餐吃得比较少，加餐时可以再提供一些点心。

2. 并觉过渡期的处理

宝宝大多在1岁到1岁半之间经历并完成并觉，即将上午和下午的小觉合并为一觉，此后白天只睡一觉。当宝宝进入并觉期，会表现出一些不同寻常的作息信号，比如上午哄睡越来越困难，上午不睡觉但快到午饭时开始犯困，上午觉结束后下午觉越睡越晚……

对一部分宝宝来说，这次并觉会持续比较长的时间，宝宝时常处于睡一次嫌少睡两次嫌多的状态，吃饭时间也容易被打乱，可能会出现饭做好了宝宝不

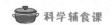

吃、没做的时候宝宝又饿了的情况。并觉期的食物安排大致有两种。

● **午餐分割法**

午餐分割法适合经常在午餐犯困的宝宝。可以在犯困前准备一次加餐，等宝宝午睡醒了，再安排另一次加餐。我们来看一个例子。

宝宝佳明的原作息是上午10:00喝奶、11:30午餐、下午睡醒后喝奶。在取消上午小觉后，按照原来的时间吃午餐佳明经常会犯困，吃一点儿就哭闹不肯吃了，这样等于每天都少了一顿午餐。

我们调整一下进餐安排，取消上午10:00的奶，在午餐11:00安排一次加餐，包含少量的混餐和奶，午睡前就不再安排食物了。睡醒后15:00再次提供加餐，包含少量的混餐和奶。这样调整既避开了宝宝犯困的时间点11:30~12:00，又保证了一天的进食量。

原作息

6:00起床
7:00早餐（粥+蛋+菜）
10:00奶100mL
11:30午餐（米饭+肉+菜）
12:00~15:00午睡
15:30奶100mL+水果
18:00晚餐（面条+鱼+菜）
20:00喝150mL奶后入睡

改后作息

6:00起床
7:00早餐（粥+蛋+菜）
11:00加餐（少量混餐+奶100mL）
11:30~14:30午睡
15:00加餐（少量混餐+奶100mL）
18:00晚餐（面条+鱼+菜）
20:00喝150mL奶后入睡

混餐可以提供哪些食物呢？以下是一些例子。只要是方便操作，又包含较多种类食物的都可以灵活安排。

蛋饼+水果

饭团+水果

包子（多做些以便冷冻，吃时加热）+水果

饺子（多做些以便冷冻，吃时加热）+水果

● 午餐顺延法

这个方法是把午餐顺延到午觉睡醒后吃，适合午觉开始得早，把午餐时间睡过了的宝宝。我们来看一个例子。

宝宝小夫在并觉前正常吃午餐。在并觉期，小夫上午的小睡时间延长并跨越了午餐，下午不再睡觉了。妈妈试着在小睡前9:30安排午餐，但宝宝接受度不高。

我们调整一下进餐安排，早晨起来7:00先吃早餐，原先的晨奶调整到9:30。午睡醒来后14:00安排午餐，下午16:00再安排喝奶。这样暂时把午餐调整到午睡之后，既不影响宝宝睡觉，也不影响一日的进食量，同时可以逐渐推迟午睡开始的时间，慢慢转变成方法一里的模式。等宝宝的并觉过渡期结束，就可以正常安排三餐了。

原作息
6:00起床
7:00奶100mL
9:30午餐（粥+蛋+菜）
10:30～13:30午睡
14:00奶100mL
18:00晚餐（面条+鱼+菜）
19:00喝200mL奶后入睡

改后作息
6:00起床
7:00早餐（粥+蛋+菜）
9:30奶100mL
10:30～13:30午睡
14:00午餐（米饭+肉+菜）
16:00奶100mL
18:00晚餐（面条+鱼+菜）
19:30喝200mL奶后入睡

幼儿期食谱范例

随着宝宝和大人的饮食越来越接近，食物制作会轻松一些。如果之前按照正常频率添加新食材，那么生活中常见的食材宝宝大部分已经吃过了。每天可以搭配10～15种食材来保证宝宝摄入均衡的营养。

● 1～1.5岁食物安排示例表

表6.1　1～1.5岁宝宝辅食安排示例表

天数	第一餐	第二餐	第三餐	第四餐
1	荞麦小米粥、茭白炒木耳、牛肉丸	香菇猪肉包子	煮玉米、草莓酸奶	青菜番茄鸡蛋炒意面、蒸南瓜、梨子
2	青菜胡萝卜面疙瘩、菠菜蛋羹、猕猴桃	白菜猪肉饺子	紫薯饭团、黄瓜汤	莴笋甜椒鸡肉炒细面、蒸山药、西瓜奶糊
3	荞麦红薯粥、绿豆芽炒韭菜、鸡肉丸	猪肉小馄饨	香菇牛肉饺子、香蕉酸奶	紫甘蓝黄瓜蝴蝶面、蛋羹、苹果
4	菠菜胡萝卜面疙瘩、煮鹌鹑蛋、牛油果	香菇牛肉饺子	紫甘蓝虾仁炒意面、酸奶	小米紫薯粥、木耳鸡肉炒莲藕、苹果
5	油菜冬瓜全麦面疙瘩、蒸鸡翅、香蕉	西葫芦蛋饼	发糕、玉米莲藕排骨汤	土豆洋葱鸭肉焖饭、火龙果奶糊
6	洋葱番茄蛋饼、猪肉丸、西瓜	菠菜虾仁紫菜饭团	吐司、玉米奶糊	莴笋白菜鸭血细面、蒸山药、火龙果
7	紫薯小米燕麦粥、蒸三文鱼、猕猴桃	番茄荸荠豆腐饼	蒸红薯、酸奶	油菜甜椒鸡肉炒意面、菠菜蛋羹、苹果
8	白菜猪肉包子、绿豆芽炒莴笋、牛油果	全麦吐司、煮荸荠	炒蛋、香蕉燕麦奶糊	小米粥、韭菜香菇炒鸡肉、草莓
9	燕麦小米粥、油菜炒蛋、梨子	猪肉小馄饨	吐司、紫薯核桃奶糊	洋葱番茄牛肉炒意面、白萝卜紫菜汤、草莓
10	红薯小米粥、牛肉丸、洋葱炒甜椒	白菜猪肉饺子	南瓜发糕、牛油果奶糊	鸡肝青菜黄瓜面疙瘩、胡萝卜花蛤蛋羹、西瓜
11	菠菜胡萝卜蛋饼、香菇炒白菜、小米奶糊	发糕、蒸花蛤	煮玉米、草莓酸奶	番茄南瓜鸡肉炒意面、冬瓜汤、梨子
12	莴笋白菜鸡蛋细面、牛油果	香菇油菜豆腐饼	蒸红薯、酸奶	白菜猪肉包子、巴沙鱼丸、火龙果

天数	第一餐	第二餐	第三餐	第四餐
13	紫薯小米粥、韭菜炒蛋、香蕉	猪肉小馄饨	胡萝卜土豆饼、芒果酸奶	西蓝花紫菜鸭肉细面、蒸山药、草莓
14	白菜猪肉饺子、酸奶、梨子	吐司	南瓜发糕、香蕉奶糊	番茄青菜蛋黄小米粥、牛肉丸、火龙果
15	西葫芦黄豆腐饼、牛肉丸、芒果	白菜猪肉饺子	煮玉米、紫薯奶糊	番茄油菜猪肝面疙瘩、蛋羹、牛油果
16	西蓝花蛋饼、酸奶、火龙果	胡萝卜羊肉饺子	紫薯南瓜紫菜饭团、白萝卜汤	木耳牛肉面疙瘩、莴笋叶炒白萝卜、草莓
17	小米山药粥、韭菜胡萝卜炒蛋、牛油果	莲藕土豆蛏子饼	发糕、玉米冬瓜排骨汤	香菇紫甘蓝鸡肉炒蝴蝶面、酸奶、梨子
18	紫薯山药粥、番茄炒西葫芦、巴沙鱼丸	发糕、花蛤蛋羹	猪肉小馄饨、芒果酸奶	莴笋叶苳白羊肉炒面疙瘩、草莓
19	香菇牛肉饺子、油菜炒木耳、梨子	生菜胡萝卜蛋饼	红薯饭团、白萝卜紫菜汤	黄瓜鸡肉面疙瘩、酸奶、牛油果
20	红薯玉米粥、煮鹌鹑蛋、冬瓜炒绿豆芽	猪肉小馄饨	香菇牛肉饺子、香蕉酸奶	油菜木耳鸡肝炒蝴蝶面、蒸昂刺鱼、芒果
21	生菜鸭肉饼、蒸南瓜、苹果	吐司	西蓝花牛肉饭团、玉米奶糊	番茄猪肉炒意面、冬瓜白萝卜蛋汤、猕猴桃
22	燕麦紫薯粥、西葫芦土豆炒牛肉、葡萄	荸荠蛋饼	南瓜吐司、酸奶	青菜番茄鸭肉细面、巴沙鱼丸、苹果
23	韭菜蛋饼、绿豆芽炒胡萝卜、葡萄	白菜猪肉饺子	发糕、番茄巴沙鱼片汤	鸡肝木耳紫薯粥、香菇炒菠菜、猕猴桃
24	紫菜饭团、西蓝花炒鸭肉、草莓	猪肉小馄饨	胡萝卜蛋饼、葡萄酸奶	小米粥、洋葱莴笋叶炒鸡肉、火龙果
25	紫薯燕麦粥、甜椒炒基围虾、梨子	西葫芦南瓜土豆蛋饼	吐司、玉米核桃奶糊	番茄生菜炒意面、猪肉小馄饨、西瓜
26	山药生菜蛋饼、蒸红薯、草莓	白菜猪肉饺子	胡萝卜羊肉饭团、香蕉奶糊	洋葱番茄鸡肉炒意面、菠菜紫菜汤、西瓜

续表

天数	第一餐	第二餐	第三餐	第四餐
27	红薯小米粥、紫甘蓝炒蛋、蒸南瓜	全麦吐司	油菜胡萝卜土豆饼、草莓酸奶	菠菜西葫芦炒蝴蝶面、猪肉丸、苹果
28	燕麦小米粥、香菇青菜炒猪肉、梨子	发糕、蛋羹	豇豆紫甘蓝饭团、紫薯奶糊	洋葱番茄羊肉炒意面、白菜豆腐汤、苹果
29	香菇鸡肉饼、菠菜炒冬瓜、煮玉米	白菜猪肉饺子	吐司、香蕉奶糊	青菜鹌鹑蛋炒细面、木耳炒甜椒、猕猴桃
30	黄瓜油菜豆腐饼、蒸红薯、芒果	猪肉小馄饨	南瓜发糕、紫薯奶糊	白菜西蓝花羊肉面疙瘩、蛋羹、西瓜

（1）本月一共添加了10种新食材，有1种谷薯类、1种禽畜肉类、4种蔬菜类、2种水果类、2种水产类。由于添加食物的季节、食材采购便利度、宝宝的饮食习惯、口感喜好和对食材的反应不同，具体食物的安排也不相同，妈妈可根据实际情况自行替换食材，或调整食材的添加顺序。

（2）以上安排主要针对的是并觉期的宝宝，可以将午餐分成两次简单易做、分量较少的半餐。等宝宝并觉期结束了，可以参考1.5～3岁宝宝的食物安排示例表。

（3）每餐都搭配一定的主食、蔬菜或水果、肉蛋或水产类。两次半餐可以做得简单些。

（4）建议每餐准备些合适的手指食物或帮助宝宝练习使用勺子的食物，半餐可以不准备。关于如何锻炼宝宝使用勺子请看第183页。

（5）建议每天吃1个蛋黄或者鸡蛋。

（6）建议每周吃2～3次水产类食物。

（7）建议每天吃一些绿叶蔬菜。

（8）建议每周吃1～2次富含碘的食物。

（9）建议每天吃的食物超过10种：4种蔬菜、3种谷薯、2种肉蛋水产、1种水果、1种奶类。

● 1.5～3岁食物安排示例表

表6.2 1.5～3岁宝宝辅食安排示例表

天数	第一餐	第二餐	第三餐
1	燕麦红薯莴笋黄瓜粥、煮鹌鹑蛋	香菇白菜猪肉饺子、草莓	鸡肝基围虾西葫芦油菜蝴蝶面、梨子
2	西葫芦甜椒蛋饼、芒果	小米土豆三文鱼焖饭、菠菜豆腐汤	香菇白菜猪肉饺子、猕猴桃
3	南瓜紫甘蓝小米紫薯粥、炒蛋	红薯羊肉土豆焖饭、冬瓜汤	豇豆青菜鸡肉炒细面、火龙果
4	胡萝卜木耳牛肉包子、苹果	油菜荷兰豆鸡肉炒意面、酸奶	紫薯吐司、白菜甜椒蛋羹、梨子
5	青菜胡萝卜虾肉炒全麦面疙瘩、草莓	黄瓜白萝卜小米玉米焖饭、番茄蛋汤	香菇白菜猪肉饺子、核桃火龙果奶糊
6	西葫芦甜椒猪肉蛋饼、红薯奶糊	土豆山药鸡肉炒饭、紫菜冬瓜汤、香蕉	胡萝卜莴笋叶牛肉包子、芒果
7	燕麦粥、丝瓜蛋羹、苹果	黄瓜荸荠玉米山药焖饭、煮基围虾	韭菜绿豆芽鸡肉炒意面、猕猴桃
8	胡萝卜木耳牛肉包子、青菜炒香菇、梨子	胡萝卜炒意面、番茄蛋汤、草莓	红薯紫甘蓝鸭肉粥、酸奶
9	燕麦紫薯粥、菠菜蛋羹、西瓜	西葫芦牛肉意面、白萝卜紫菜汤、葡萄	吐司、番茄黄瓜炒猪肉、牛油果
10	菠菜莴笋蛋饼、酸奶、哈密瓜	荷兰豆番茄玉米小米炒饭、煮昂刺鱼	发糕、草莓奶糊、洋葱西蓝花炒鸡肉
11	韭菜豆腐饼、玉米奶糊、蓝莓	土豆紫薯饭、番茄紫菜牛肉汤、酸奶	青菜白萝卜炒细面、菠菜蛋羹、哈密瓜
12	胡萝卜木耳牛肉包子、红薯小米奶糊、猕猴桃	发糕、蛋羹、洋葱炒西蓝花	紫甘蓝荠白鸡肉炒意面、菠菜鸭血汤、梨子
13	红薯粥、甜椒蛋羹、蒸南瓜	小米饭、白萝卜油菜牛肉汤、草莓	番茄荷兰豆鸽肉炒细面、蓝莓
14	玉米山药丝瓜鸡蛋粥、火龙果	油菜三文鱼鸭肉炒意面、丝瓜汤	香菇白菜猪肉饺子、番茄炒西葫芦

续表

天数	第一餐	第二餐	第三餐
15	青菜木耳鸭肉豆腐饼、紫薯奶糊	土豆青菜胡萝卜羊肉焖饭、苹果	莴笋西蓝花蛏子细面、蛋羹、香蕉
16	南瓜鸡肉饼、草莓奶糊、白馒头	胡萝卜生菜土豆小米饭、银鱼蛋羹	洋葱鸭血炒意面、丝瓜紫菜汤、火龙果
17	紫薯山药粥、番茄荽白炒蛋、猕猴桃	土豆牛肉焖饭、菠菜黄瓜汤	韭菜荷兰豆鸭肉炒蝴蝶面、酸奶、哈密瓜
18	油菜冬瓜玉米粥、煮鹌鹑蛋	豇豆白萝卜牛肉炒蝴蝶面、红薯奶糊、水果	香菇白菜猪肉饺子、梨子
19	胡萝卜木耳牛肉包子、蛋羹	西葫芦土豆羊肉小米焖饭、橙子	生菜荽白鸡肉面疙瘩、酸奶、草莓
20	韭菜蛋饼、西瓜奶糊、馒头	土豆玉米花蛤炒饭、冬瓜紫菜汤	番茄白萝卜西蓝花鸡肝细面、猕猴桃
21	西蓝花南瓜面疙瘩、甜椒蛋羹、苹果	红薯饭、莲藕猪肉汤、橙子	金针菇土豆油菜鸡肉炒意面、香蕉奶糊
22	小米蟹粥、番茄炒莴笋叶	甜椒荸荠紫薯焖饭、蛋羹、牛油果	香菇白菜猪肉饺子、酸奶、草莓
23	木耳南瓜面疙瘩、煮鹌鹑蛋、哈密瓜	土豆虾肉豆腐炒小米饭、白萝卜汤、橙子	香菇白菜猪肉饺子、酸奶、莴笋叶炒荽白
24	发糕、白菜猪肉蛋羹	土豆猪肝炒饭、紫甘蓝炒甜椒	洋葱鸡肉炒意面、油菜紫菜汤、橙子
25	生菜西蓝花荞麦黑米粥、牛肉丸	香菇白菜猪肉饺子、蛋羹、葡萄	龙利鱼小馄饨、韭菜炒绿豆芽、西瓜
26	菠菜蛋饼、发糕、西瓜	黄瓜鸡肉燕麦黑米焖饭、生菜番茄汤	胡萝卜木耳牛肉包子、猪肉丸、草莓奶糊
27	香菇白菜猪肉饺子、酸奶、蓝莓	甜椒西蓝花炒小米玉米饭、蛋羹	菠菜黄瓜羊肉细面、火龙果
28	芹菜香菇荞麦黑米粥、猪肉丸	红薯饭、紫菜银鱼蛋羹、苹果	豇豆木耳鸡肉炒意面、菠菜豆腐汤、哈密瓜
29	胡萝卜南瓜荞麦山药粥、煮鹌鹑蛋	香菇白菜猪肉饺子、香蕉奶糊、蒸紫薯	菠菜鸡肝木耳西蓝花细面、西瓜
30	芹菜荸荠鸡肉饼、酸奶	黑米玉米饭、白菜猪肉冬瓜汤、橙子	胡萝卜木耳牛肉包子、蛋羹、草莓

（1）本月一共添加了10种新食材，包含1种谷薯类、1种禽畜肉类、3种蔬菜类、3种水果类、2种水产类。由于添加食物的季节、食材采购便利度、宝宝的饮食习惯口感喜好和对食材的反应不同，具体的食物安排也不相同，妈妈可自行替换食材或调整食材的添加顺序。

（2）当宝宝并觉期结束，就可以恢复正常的一日三餐。

（3）每餐都搭配一定的主食（其中包含适量薯类）、蔬菜或水果、肉蛋或水产类。宝宝在这个阶段容易挑食，尽量给予混合型食物。

（4）建议每餐准备一些合适的手指食物或帮助宝宝练习使用勺子的食物。

（5）建议每天吃1个蛋黄或鸡蛋。

（6）建议每周吃2～3次水产类食物。

（7）建议每周吃1～2次豆制品。

（8）建议每天吃一些绿叶蔬菜。

（9）建议每周吃1～2次富含碘的食物。

（10）建议每天吃的食材超过10种：4种蔬菜、3种谷薯、2种肉蛋水产、1种水果、1种奶类。

妈咪问，苏蒂答

Q：宝宝能不能只吃三顿饭不给加餐？加餐需要准备什么食物？

A：宝宝消化系统的生理特点与大人不同，进餐模式也有区别。宝宝胃容量小，一次能吃进去的食物有限，但他们平时活泼好动，能量消耗大，所以很快就会饿，因此提供加餐是很有必要的。宝宝的消化能力较弱，要注意提供容易消化、成分简单的食物。当宝宝三次三餐与大人同步时，就可以在两次正餐之间准备一次加餐了，这个转变通常发生在宝宝1岁左右。

加餐可以准备奶和水果，自制水果干，也可以根据宝宝的咀嚼能力来提供。如果宝宝正餐吃的较少，可以提供些简单的面食，如发糕、饼干、小蛋糕、小馄

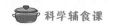

饨、松饼、吐司等。不推荐给宝宝提供果冻、煎炸烤物、甜饮料等。

Q：宝宝什么时候可以吃大人餐？

A：如果家庭饮食清淡的话，宝宝在1岁后就可以逐步和大人吃一样的食物了，但是要注意宝宝的食物应该切得更小、烹调得更软烂。如果大人的口味偏重，食物熟了以后可以先不加调料，先盛出一部分给宝宝，剩下的部分再加调料给大人吃。大部分家庭不习惯分餐制，为了保证宝宝能摄入多样充足的食物，保证食用卫生，建议为宝宝准备专属餐具，单独把食物盛放在宝宝的餐盘里。

宝宝的三餐和大人同步后，就能和家人一起享受进餐的乐趣了。一起进餐还能让宝宝养成细嚼慢咽、不挑食的好习惯。小宝宝有很强的学习和模仿能力，大人吃饭时要注意良好的进食习惯，注意不看手机、不看电视、不挑拣和评价食物。平时可以让宝宝参与餐桌的布置，比如帮妈妈拿餐具、摆放碗筷、搬凳子、叫其他成员吃饭等，加强"我是家庭一员"的概念。吃饭时和宝宝要有情感交流，例如询问食物的口感、倾听孩子对食物的感受、鼓励他的进步表现、及时唤回他的注意力，等等。

Q：宝宝最近不喜欢用奶瓶喝奶了，还能用什么喝奶？

A：从添加辅食开始，就可以逐步锻炼宝宝用奶瓶以外的容器喝液体了，一般建议在宝宝一岁半时戒除奶瓶。刚开始，宝宝可以用鸭嘴杯、吸管杯、学饮杯练习喝液体，再后来可以用有把手的小敞口杯练习。宝宝一开始可能只会啃咬吸管和杯子，但慢慢就能发现其中的"玄机"了。宝宝一开始不能很好地控制吮吸力度，练习喝液体时很容易被呛到，家长要保持淡定，多鼓励宝宝尝试。当宝宝开始使用小杯子时，家长可以提供一根短而软的吸管作为从吸管杯到小杯子的过渡。有的宝宝需要家长的适时鼓励，不妨在宝宝成功喝到液体后，给他一个"碰杯礼"作为表扬。宝宝再大一些会表现出明显的个人喜好，和他一起到商店挑一个他喜欢的杯子吧。

Q：宝宝能吃粗杂粮吗？会不会消化不良？

A：我非常建议宝宝从小就摄入一些粗杂粮，为养成良好的饮食习惯打下基础。粗杂粮含有精白米面中较缺乏的B族维生素和膳食纤维，对帮助消化和预防便秘有积极作用。不过给宝宝添加粗杂粮有一些注意事项。

（1）宝宝每日吃的粗杂粮占全部主食的1/5左右即可，不宜过多。经常消化不良、食量小的宝宝，粗杂粮要少吃一点。如果宝宝从来没吃过粗杂粮，应该从少量开始吃，循序渐进。

（2）粗杂粮的口感比精白米面粗糙，给宝宝吃要注意做得软烂。粗杂粮在烹调前浸泡一段时间比较容易煮软，也可以把粗粮磨成粉做面食。如果担心宝宝不吃粗杂粮，可以试着和其他食材搭配烹调，比如煮粥时加入红枣、干贝、虾仁；煮饭时加入土豆、红薯、芝麻核桃粉等。

（3）宝宝吃过大米制成的米粉后就可以逐步添加含有燕麦、小米等谷物成分的米粉了。8个月左右可以用燕麦片、小米与大米混合煮粥，10个月左右可以加玉米、红薯等煮成软米饭。1岁后宝宝能吃的粗杂粮就更多了，可以将杂粮做成杂粮吐司、杂粮饭团、杂粮发糕等。如果宝宝吃了杂粮后，大便里面出现一些未消化的食物，多数是正常的。

（4）宝宝在腹泻期间尽量不要吃粗杂粮，以免加重腹泻。

第2节 从容面对倒退期（1~2岁）

宝宝过了1岁会进入吃饭的倒退期，一些曾经大口吃饭的宝宝在这个时期突然就变了性子，吃饭时经常会扔食物、扔餐具、吐食物、挑挑拣拣、不爱吃饭，一副和你对着干的架势。我做了一个小调查，发现这个阶段不少家长对宝宝吃饭的担忧和不满比宝宝1岁前还多。在很多家庭，宝宝吃饭的时光也成为了最容易引爆家长脾气的时间点。那个人见人爱的小"天使"摇身一变成为了小"恶魔"，让全家人都手足无措。餐桌上由家长说了算的时代彻底过去了，"谁能掌控餐桌主权"得由未来一年你们的较量决定。

扔东西和玩食物

● 喂养难题

在这个阶段，不少家长都会经历宝宝在吃饭时扔东西和玩食物，比如有妈妈抱怨：宝宝最近总是把汤倒来倒去却不喝，还把食物和勺子扔到地上，给他捡起来又扔，说他也没用，这真是太让人生气了！

● 分析与解决办法

不少1岁左右的宝宝都会扔东西和玩食物，宝宝这样做并不是存心气你，而是有原因的。

（1）多次反复才能掌握要领

在探索周围世界的奥秘时，宝宝需要多次尝试才能掌握某个动作的要领，比如反复摇晃一个玩具、反复拉扯一盒纸巾……起初宝宝只是观察餐具和食物，后来会笨拙地抓起来把玩。等到1岁左右，精细动作发展到一定程度，宝宝就有能力对感兴趣的物品做进一步的探索了。扔勺子和玩食物都是他们学习和探索的方式。

（2）探究因果关系

每个宝宝都是天生的探索家。在2岁之前，宝宝通过动作来认识世界的速度要先于思考。你应该有注意到，宝宝把勺子或食物扔到地上后会直勾勾地盯着落地位置并寻找它，这正是他们初步认识到自己的某些行为会导致不同的结果，探索这之间的关系成为他们新的乐趣。

（3）对立体空间充满兴趣

除了吃饭，宝宝平时很少有机会能坐在高高的餐椅上并自由活动上半身。"高空掷物"在他们看来是非常新鲜的游戏。在这个阶段，他们对空间的认识也在发展，无论是把东西从高处扔下，还是从一个容器搬到另一个容器，他们都越来越享受立体的世界。

（4）认识物体是永恒存在的

1岁左右的宝宝认为，物体只要不见了就永远消失了。每当他们发现彻底消失的物品，被妈妈又变出来了（其实是捡回来），就会非常惊讶。在他们心中妈妈简直是个魔术师！他们会乐此不疲地再现这个表演。等宝宝再长大些就会知道，东西扔出去并不等于永远消失，它们就在某个地方。

宝宝对世界的认识都是从"破坏"开始的，他们总是先学会扔东西，再学会捡东西；先学会把书撕破，再学会把书粘起来。宝宝会从"破坏行动"中慢慢发现事物的规律，这是处在探索阶段的特殊表现，并不是故意捣乱。那么面对宝宝的"破坏"行为，妈妈应该怎么做呢？

（1）不要指责或大笑

妈妈的指责或者大笑可能会加深宝宝对"破坏"行为的印象，从而强化这些行为。妈妈一定要淡定处理。

（2）不要在宝宝面前放大量食物

如果家长以前是将食物摆放到宝宝面前让他自己吃，那现在这个阶段就应该换换策略了，因为面前的大量食物会激发宝宝强烈的"破坏欲"。可以在宝

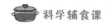
宝面前放一个不容易掀翻的小碗并放入少量食物，等他吃完后再添加。

（3）改变食物的形状

如果宝宝热衷于扔勺子以致影响进餐，暂时就不要提供用勺子吃的食物了，可以提供适合用手抓的块状食物。如果宝宝热衷于玩某种形状的食物，那就改变食物形状。比如宝宝喜欢把长面条扯来扯去，那就改成提供面片、面疙瘩、卡通意面等。

（4）用宝宝理解的方式和他沟通

与宝宝沟通时可以把物品拟人化或者用宝宝熟悉的卡通形象给食物命名，这样便于宝宝理解你的意思，弱化宝宝的"破坏"行为，比如可以说："哎呀，勺子宝宝被你摔到地上肯定摔疼啦，你听听他哭了没有。"

（5）家长要表明态度和立场

不因宝宝的"破坏"行为而责备打骂他，不等于对这种行为熟视无睹。当宝宝的行为明显影响进餐时，妈妈可以告诉宝宝："你把食物都扔掉了，妈妈很不高兴，因为这是妈妈花了很长时间为你做的，如果你一直玩耍不吃饭，妈妈担心你一会儿会饿呢。"

（6）让宝宝自己冷静

当宝宝沉浸在玩食物的乐趣中忘记了吃饭，试了很多方法都没用时，可以把食物拿走，让宝宝冷静一两分钟后再把食物拿出来。如果宝宝继续玩食物，就再次把食物拿走。如果第三次依然如此，告诉宝宝本次用餐结束了，下一次进餐才能吃东西。

吐食物

● 喂养难题

不少宝宝在这个阶段会吐食物，不管吃什么都会吐出来，这是怎么回事呢？

● 分析与解决办法

宝宝在1岁左右会经历一个吐食物期，表现为把吃进嘴的食物顶出来或者嚼几下吐出来。宝宝爱吃或不爱吃、柔软的或粗糙的食物都有可能被吐出。面对"吐食物"的问题，家长不要太过担忧。吐食物其实是宝宝进食能力增强的表现。随着宝宝长大，他的舌头越来越灵活，除了会向口腔后方推送食物，还会按照一定的轨迹搅拌食物以及吐出食物。这种"吐食物"的行为几乎无法避免，理性、冷静对待就好了，宝宝这种行为不会持续太久的。记得告诉热衷于吐食物的宝宝：食物只有这些，吐完就没得吃了。

吃饭时间长

● **喂养难题**

不少妈妈在这个阶段有这样的困扰：宝宝吃饭特别磨蹭，一口饭能在嘴里含好久，一顿饭要吃一个多小时。怎么能让他快点吃呢？

● **分析与解决办法**

宝宝吃饭速度慢、持续时间长，通常是他们对时间的感知与大人不同导致的。大人10分钟可以吃完的食物，宝宝往往需要20~30分钟才能吃完。对于1岁以上的宝宝可以培养他们的时间观念，比如吃饭时在旁边放一个倒计时沙漏，告诉宝宝沙子漏完时就要结束吃饭；或者用一个小闹钟，告诉宝宝当指针走到某个数字时就要结束用餐；也可以让宝宝和大人同时开始吃饭，同时结束吃饭。如果宝宝在这段时间吃得不够，自然会感到饥饿，吃饭速度逐渐就能提高了。

如果宝宝把一口饭含很久，也可能是因为咀嚼能力不够，无法处理妈妈提供的食物。可以给宝宝同时提供柔软和较硬的食物，锻炼宝宝的咀嚼能力。

另外还需要观察宝宝是不是困了或者过度疲劳，这会影响宝宝的注意力，导致吃饭时间延长。

对玩具恋恋不舍

● **喂养难题**

不少宝宝在这个阶段对玩具"爱不释手"，到了吃饭的时间也不愿意

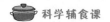

吃饭，抱他进餐椅就哭个不停，很多妈妈都为此感到头疼。难道真的要把玩具都藏起来吗？

● 分析与解决办法

在宝宝看来，在专心玩耍时突然被叫去吃饭是一种打扰行为。如果宝宝刚玩没多久，妈妈可以再等10分钟，等宝宝玩的兴趣减弱时再让宝宝用餐。吃饭前注意不要玩乐高、磁力片这类短时间很难"停下来"的玩具，可以选择听歌、读绘本这种比较容易"结束"的项目。可以在吃饭前的10分钟、5分钟、2分钟告知宝宝还有多长时间开饭，让宝宝有一定的准备。也可以试着将食物端到宝宝面前，引起宝宝的兴趣，让她主动要求进餐。

恋奶不吃饭

● 喂养难题

近日，我收到了一位妈妈的求助："我是上班族，每天中午都会回家给宝宝喂奶。宝宝一看见我就要喝奶，不肯吃饭，平时看见我也要掀衣服喝奶，我是不是只能给他断奶了？"

● 分析与解决办法

1岁以上的宝宝如果因为恋奶而不爱吃饭，首先要给宝宝建立合理的进餐时间，定点吃饭，定点喝奶。宝宝在非喝奶时间提出的要求妈妈都要拒绝。有的妈妈会担心：宝宝饭都不吃了，再不给他喝奶，会不会影响身体健康？虽然想法是可以理解的，但你的做法却在告诉宝宝：你不吃饭也没事，饿了也有奶喝。这会导致宝宝对吃饭越来越不重视。

当宝宝要求喝奶时，你要坚定地告诉他："妈妈知道你想喝奶，但现在不是喝奶的时间，咪咪在休息呢。"如果宝宝不配合，一直哭闹，你可以想办法转移他的注意力，比如陪宝宝玩游戏、看绘本、出去玩等。多种互动方式能让妈妈在宝宝心中的形象更多样，提起妈妈，宝宝不会只联想到喝奶，从而减轻宝宝对妈妈和喝奶的渴望。妈妈的态度也很重要。如果宝宝不吃饭，妈妈就表现出"心疼""可怜"的态度，那宝宝可能会觉得吃饭这件事儿还有转机哦！

宝宝的分离焦虑在1岁左右达到顶峰。如果宝宝过分恋奶要注意宝宝是不是想通过喝奶来"留住"妈妈。陪伴宝宝时请放下手机和不必要的事，宝宝是能够感受到"专心陪伴"的。别让"恋奶"成为"恋妈"的借口。

有的妈妈试图用断奶来解决宝宝恋奶不吃饭的问题，必须得说这是万不得已的办法。如果宝宝没有养成合理的进餐习惯，断奶后也会面临各种各样的喂养问题。

用左手还是用右手

● 喂养难题

不少宝宝喜欢用左手抓食物，这让不少妈妈很纠结。需要引导宝宝改为右手吗？

● 分析与解决办法

1岁左右的宝宝还无法分辨出自己的优势手。无论用左手抓食物、拿勺子，还是用右手抓食物、拿勺子，都是可以的。有些家长认为用左手吃饭不合规矩，想要及时纠正。其实没必要这么做，不必要的干预反而会让宝宝对吃饭反感。

要妈妈喂，不要自己吃

● 喂养难题

宝宝本来饭吃得好好的，可是最近他不肯自己吃了，老是要家长喂，该怎么办呢？

● 分析与解决办法

宝宝在学习某项技能时会反复练习、乐此不疲，但掌握了之后可能就兴趣陡降了。也就是说，宝宝学会自己吃饭并不意味着他不再要求被喂了。1岁左右的宝宝渴望独立和渴望依恋的想法是交织的。自己学会吃饭后又让妈妈喂，会让他们产生满足感和安全感。面对这种情况，妈妈可以采取的应对办法是：喂

一部分食物，同时鼓励宝宝自己吃剩下的食物。

另外可以检查一下宝宝周围最近有什么变化，比如家庭成员的增减、搬家、旅游、上早教班、换保姆、妈妈重返职场、新成员的到来等。宝宝可能会通过要求妈妈喂来确认自己是受重视的。

一做饭就要求"抱抱"

● 喂养难题

近日我收到了一位妈妈的求助：我是全职妈妈，平时独自一人在家带宝宝。最近一到做饭时间宝宝就要我抱，不理他他就嚎啕大哭，太令人头疼了！

● 分析与解决办法

宝宝在1岁左右会出现比较强烈的分离焦虑，他虽然明白，即使看不见妈妈，妈妈也不会凭空消失，但只要妈妈不在视线范围内，宝宝就会焦虑不安，想要马上确认妈妈的位置。比如，妈妈去厨房做饭，宝宝就会想要黏着妈妈。如果家中没有其他成员能照看宝宝，那么在妈妈做饭的时候，可以在视线范围内给宝宝找点"家务"做，比如让他把牛奶一袋一袋装入箱子、留一个空柜子让他整理锅和铲子等。

平时要注意检查厨房安全，不要误伤宝宝。比如，要注意把锅把手转向内侧；靠近灶台边缘不放碗碟、刀、热菜等；坚硬的食物不要让宝宝拿到；不安全的物品要放入柜子中并装上安全锁；桌布不要悬垂下来；未固定的厨房置物架不要放在空旷处；冰箱上的磁力贴小心不要让宝宝吃到；端热食物的时候远离宝宝等。如果你的孩子是个爱翻垃圾桶的好奇宝宝，要注意不要把碎玻璃、鱼刺等容易划伤人的物品扔在里面。

如果你特别担心宝宝在厨房自由行动会有危险，可以把餐椅搬进厨房，让宝宝坐在餐椅上玩，妈妈边做饭边和宝宝互动。

虽然这段时间你会感到分身乏术，但这也是你在宝宝心中无限接近完美、无可取代的一段时光。

真挑食还是假挑食

● **喂养难题**

不少宝宝在这个阶段明显挑食，以前爱吃的食物最近都不吃了，每天就吃几种食物。家长心急如焚，生怕宝宝营养不良。

● **分析与解决办法**

宝宝在1岁后出现挑食现象是很常见的，这与宝宝1岁前所吃食物的质地和丰富性有关，也与宝宝的心理发育有关。以前爱吃的食物忽然不爱吃了多属于"假性挑食"，这可能是因为宝宝逐渐有了自己的想法，希望获得进食的主动权，所以会通过拒绝家长提供的食物来获得自我肯定。当宝宝忽然不吃某种食物，你又找不到确切的原因时，你经常会发现他们的喜恶是很极端的——爱吃的食物可以每顿都吃，不喜欢的食物一口也不愿意碰。他们的喜好也不是一成不变，口味可能突然就变了，"死对头"又变成了"心头好"。

在这个阶段，妈妈最好不要强求宝宝吃你准备的食物，没有什么食物是不可替代的，你完全可以在尊重宝宝意愿的前提下做同类替换，比如用米饭代替面条、用鸡肉代替牛肉、用蛋饼代替饺子。宝宝不愿意吃的食物也不必完全放弃，你可以在刚开始进食的时候提供给他，宝宝在饥饿时愿意尝试的意愿会更强一些。你也可以给宝宝提供混合食物，将宝宝不喜欢的食材"藏"进去，便于宝宝接受，如提供菜肉粥、菜肉炒饭、菜肉炒面、蔬菜鸡蛋饼等。

如果宝宝喜欢看绘本，你可以借助爱吃饭的卡通形象引导宝宝爱上吃饭，例如《小熊宝宝》《小猪威比》《好饿的毛毛虫》《好习惯养成系列》《考拉宝宝系列》等。此外，可以带宝宝去超市或菜市场认识不同的食物，玩蔬果切切乐类的游戏，让宝宝参与制作菜肴，逐渐培养宝宝与食物之间的感情。

第**3**节 宝宝有点小叛逆（2~3岁）

2岁左右，宝宝逐渐进入到人生中的第一个叛逆期，会表现得爱哭闹、爱发脾气、不听话，家长也很容易受此影响，变得敏感和易怒，容易和宝宝及家人发生不愉快。大多数妈妈都希望能找到管教、约束以及"镇压"2岁宝宝的有效方法，但最终发现这些方法仅有短暂而微弱的效果，很难从根本上改善彼此的关系或者让宝宝"听话"。大部分宝宝会开始用一些简短的词语与家长沟通，但他们又不具备清楚表达自己真实意愿的能力，所以在餐桌上的交流可能会比以前更困难。餐桌上的"对峙"很容易在这个阶段发展成一个棘手的育儿问题。在这个阶段，除了想办法让宝宝多吃几口饭，还要想办法维持和谐的餐桌关系。

"被拒绝"的小烦恼

● 喂养难题

不少宝宝在这个阶段会频繁拒绝家长提供的食物，脾气也很大，这是为什么？应该怎么做呢？

● 分析与解决办法

2岁宝宝能用简单的语言表达自己的需求，词汇量也更大了。当他们想要获得食物的控制权时，会毫无顾忌地说"不"来拒绝妈妈提供的食物。宝宝对食物的色彩、形状有自己的喜好，大多数宝宝会喜欢色彩鲜艳、形状小巧的食物。

让宝宝选择食物的时候不要问容易回答"不"的问题，比如不要问"你要吃胡萝卜吗？"而要问"先吃鱼还是先吃胡萝卜？要吃几片胡萝卜？"这样既给了宝宝选择的权利，给了他足够的尊重，也让宝宝吃到了你安排的食物。

尽量不要和宝宝发生正面冲突，有时候你越想说服他，宝宝就越容易反抗。

一下子就"吃饱饱"

● 喂养难题

不少宝宝在这个阶段吃几口就说饱了，要求下桌，这让家长们很困惑。宝宝明明没吃几口，不应该饱了呀？可以让宝宝下桌吗？

● 分析与解决办法

随着宝宝掌握的词汇越来越多，宝宝慢慢发现有些词汇能产生特定的效果。当说"打他"，家长会很紧张地制止他；当说"吃饱了"，就可以结束吃饭去玩了。

那么如何判断宝宝是不是真的吃饱了呢？如果宝宝只是偶尔有一两顿因为不饿吃得少是很正常的，可以满足宝宝下餐椅的要求。但如果宝宝经常吃几口就说"吃饱了"，那他可能只是为了尽快结束吃饭。面对这种情况妈妈可以尝试岔开话题，可以这样说："宝宝今天上午去公园玩啦，是不是走了很多的路呀？那要吃很多饭才可以哦。我们看一看宝宝今天吃了多少？才吃了一点点呀，肚子还是扁扁的，再吃一点好不好？"如果宝宝依然说饱了，那就让宝宝下桌。

餐桌上的絮絮叨叨

● 喂养难题

不少宝宝在这个阶段变成了小"话唠"，吃饭时一直在说个不停，吃了很久也吃不进多少东西，妈妈到底该认真回应他，还是该彻底不理睬他？

● 分析与解决办法

如果宝宝出现上述情况，说明宝宝可能进入了语言爆发期。在这个时期，他们超级爱说话，并且是不分场合的，就像刚学会翻身连睡觉都要翻身一样。面对这种情况，最好的应对方式就是平静对待，不要过多回应，避免形成"聊天"的场景。只用"嗯、哦、好吧"等词表示妈妈在听就可以了，不要接话也不要打断他。

可以和宝宝做个约定，比如妈妈将示指放在嘴唇上说"嘘"的时候大家就不能讲话了，等妈妈再次说"嘘"时才可以说话；或者可以这样说："宝宝，你在吃饭的时候和妈妈说话，妈妈就不能吃东西了，这样妈妈会饿的。"

除了语言爆发期的原因，也要考虑宝宝是否在通过不断说话来博取家长的关注。

第 7 章

喂养难点个个击破

自主进食

　　提到"吃辅食"，很多人想到的场景是宝宝坐在餐椅上，妈妈把舀满食物的勺子送到宝宝嘴边。很多家长都认为"喂饭"很合理，毕竟我们小时候也是被喂着长大的。我在日常也解答了不少喂养咨询，我发现很少有妈妈认识到，"喂饭"可能对宝宝来说不是一种帮助，反而是一种打扰。这一节，我要带你了解一个不太一样的喂养观念——自主进食。

为什么鼓励宝宝自主进食？

1. 促进精细动作发展

　　手的运动能力是衡量宝宝神经系统发育的重要指标。刚出生的宝宝一直是攥着小拳头，随着宝宝不断长大，他的手掌逐渐打开，手指逐渐伸开，慢慢学会了抓握等技能。自主进食需要手、眼、口相互配合才能完成，有利于培养宝宝的手、眼、口协调能力，促进精细动作的发展。

2. 增强宝宝的自信心和自理能力

　　到了一定月龄后，宝宝开始喜欢模仿大人的一举一动，希望自己像大人一样吃饭并且得到认可。如果你不断鼓励他并且肯定他，他会对自己充满信心。如果宝宝每次想尝试自主进食的时候都被你阻止，他就会消极地认为：大家都觉得我做不到，看来我是真的做不到。吃饭其实和穿衣服、拉便便、洗手洗脸一样，都是宝宝自己的事。虽然宝宝吃饭的能力有限，但他们的学习能力异常强大。如果在宝宝还没有吃饭能力的时候，给予他适当的帮助，在宝宝有吃饭能力的时候鼓励他自己完成，可以增强宝宝的自信心和自理能力。

3. 增强进餐兴趣

如果宝宝的面前有一堆玩具，让他只许看不许玩他会愿意吗？吃饭也是同样的道理。7个月至2岁左右的宝宝正处在感知运动阶段，主要借助抓、啃、舔等动作来探索周围的世界。不让宝宝动手，要求他乖乖坐着被喂，等于剥夺了宝宝探索餐桌的机会。宝宝的天性被压制，自然会产生反抗行为。有"喂饭强迫症"的家长，一定要信任宝宝，给他探索的机会，这样才会提高宝宝的进食兴趣。

4. 解放家长

为了让孩子多吃点儿，很多家长都非常有奉献精神，一顿饭可以喂上一个小时甚至两小时，还有的家长会满屋追着喂。这种长期的自我消耗，很容易让家长产生不良情绪。如果能早点培养宝宝自主进食，就能极大程度解放家长的时间和精力。

5. 参考权威机构的意见

我曾在1300多名家长中做了一个调查，结果发现大约只有一半的家长会经常鼓励宝宝自己吃饭。随着对宝宝营养与喂养的重视，许多权威机构都将鼓励宝宝自主进食写进了喂养指南。《中国居民膳食指南2016版》指出：特别建议为婴儿准备一些便于用手抓捏的食物，鼓励婴儿尝试自己进食，比如香蕉块、煮熟的土豆块和胡萝卜块、馒头、面包片、切片的水果蔬菜和撕碎的鸡肉等。中国营养学会《7~24月龄婴幼儿喂养指南》写道：耐心喂养，鼓励进食，但决不强迫喂养。《美国儿科学会育儿百科（第6版）》中讲道：当孩子能独自坐起来的时候，你可以给他一些用手拿着吃的小食物，让他学着自己吃。

大多数孩子在9个月左右的时候可以学着自己吃东西。相信自主进食的理念会进一步得到普及，影响越来越多的家庭。

什么时候开始自主进食？

宝宝在9~11个月时具备较好的抓起食物送往嘴里的能力。因此，第9个月

是引入手指食物、鼓励宝宝自主进食的好时机。不过，有的宝宝刚添加辅食时就想自己动手，也有的宝宝到了1岁才有自主进食的兴趣，因此我更建议根据宝宝的主观意愿来决定手指食物的提供时机。当宝宝出现以下表现就要考虑提供手指食物了。

- 抢妈妈手里的餐具：宝宝在吃辅食时，小手闲不住地抢妈妈手里的勺子、碗，这说明宝宝很想自己试一试。

- 抓起面前的东西：当宝宝能准确抓起面前的书本、玩具、放在餐椅上的食物时，可以给他准备一些手指食物，让他练习自己吃。

- 拒绝用勺子喂食：当把盛食物的勺子递到宝宝嘴边，宝宝扭头、打挺、紧闭嘴巴、烦躁哭闹时，说明"喂饭"的方式不太适合了，要尽快提供手指食物了。

需要为宝宝准备些什么？

自主进食必然会导致吃饭现场一片狼藉。准备一些有效的工具可以让清洁打扫工作事半功倍。

方便清洁的餐椅：宝宝自己吃东西时会掉落很多食物，也会将食物弄得到处都是，选择死角少、好清洁、款式简单、最好能直接水洗的餐椅，能大大节省清洗的时间。

- 合适的饭兜和饭衣：带立体凹槽的饭兜，防水的饭衣可以保护衣服不被汤水浸湿，夏季可以让宝宝脱去上衣吃饭，然后冲洗干净。

- 保护地面清洁的道具：可以将废旧的报纸、浴帘铺在地板上，吃完饭后直接扔掉，省去了弯腰擦地板的工作。

如何制作常见的手指食物？

根据宝宝的抓握能力、咀嚼能力的发展趋势，可以将手指食物大致分为辅食初期（7~8个月）手指食物、辅食中期（9~10个月）手指食物、辅食末期

（11～12个月）手指食物、1岁后的手指食物。初期手指食物以7cm左右的条状和棍状食物为主，便于宝宝抓握在手里；中期手指食物可以是片状也可以是条状；末期手指食物的形状比较丰富，妈妈可以根据宝宝的能力调整手指食物的形状和大小。

教宝宝用勺子吃饭

1. 合适的引入时间

中国营养学会和美国儿科学会都指出，宝宝在1岁后可以尝试用勺子吃饭，但刚开始用勺子吃饭时食物掉得比较多。1岁半左右，宝宝可以比较顺利地用勺子或叉子吃饭。根据《丹佛智能发育筛查量表》，19月龄左右，大约一半的宝宝吃饭狼藉的场面会明显改善，因此在宝宝10～18月龄之间引入勺子是比较合适的。

2. 需要专门的训练工具吗？

如果要让宝宝自己用勺子吃饭，碗沿应该是直立并且有一定深度的，这样宝宝不会把食物轻易舀出碗外。碗底应该有比较大的摩擦力，或者可以吸附在桌面上，这样不会被宝宝的勺子顶跑。为了让宝宝抓得更稳，勺子可以选择短粗柄的，勺头选择有一定深度的，方便多舀些食物。虽然专用的训练碗和训练勺也许能提高宝宝进餐的成功率，但是满足上述特点的勺子和碗已经足够好了。掌握用勺子的技巧主要依靠的是练习而非"神器"。

3. 帮助宝宝提高成功率

宝宝练习用勺子时，有两个动作特别容易失败：一是从碗里舀食物。宝宝一开始难以掌握用勺子的诀窍，常常舀不到食物；二是把食物往嘴里送。宝宝一开始可能还没吃到舀起的食物，半道就都掉了。如果是性子比较急躁的宝宝，这时候可能会失去耐心拒绝再练习了。那么，妈妈可以做什么来帮助宝宝学会用勺子呢？

● 拆解动作练习。舀食物、送到嘴里、咀嚼吞下……这一系列动作看似一气呵成，但对宝宝来说可相当有难度，尤其是舀食物。为了提高用勺子吃到食

物的成功率，妈妈可以先把食物舀到勺子里，再将盛食物的勺子递给宝宝，这样他只需要完成把勺子送到嘴里的动作，成功率会大大提高。

● 合适的食物很关键：1岁半以前，宝宝只能控制小臂的摆动，1岁半以后才能使整个手臂配合勺子一起运动。宝宝刚开始用勺子时没有方向感，不知道舀好食物后应该保持食物面朝上，常常食物还没送到嘴里，就在半路掉个精光。黏稠的食物不容易掉落，很适合用来练习使用勺子，比如稠粥、辅食泥、酸奶、软饭、米糊等。菜末、炒蛋等形状分明的食物在快做好时加入一点芡水勾芡，也会变得更黏稠。

● 每餐都留一点练习时间：刚开始用来练习的食物不要太多，以免宝宝看到大量食物心生畏难情绪。这些食物可以在每餐快结束的时候登场，每次只舀一点，这样更容易完成。

4. 日常模仿和练习

宝宝的模仿能力很强，家长可以利用这一点，让宝宝学会用勺子。可以让宝宝和大人同步进餐，宝宝可以观察大人用勺子的动作。确保安全的前提下可以和宝宝一起玩舀水、舀豆子、舀米的游戏，逐渐增强宝宝控制勺子的稳定性。可以给宝宝看《小猪威比》等绘本，学习"威比"是怎么用勺子的。还可以和宝宝互相喂食物，在亲子互动中让宝宝找到使用勺子的乐趣。

教宝宝用杯子喝水

宝宝在添加辅食后就可以开始练习用鸭嘴杯和吸管杯喝水或喝奶了。吮吸的动作有利于锻炼宝宝面部肌肉的力量，增强咀嚼食物的能力。宝宝一开始吮吸液体时因为把握不好力度很容易被呛到，慢慢熟练了就能掌握其中的窍门了。注意清洗吸管杯时不能只清洗杯子内部，还要用吸管刷清洁吸管。

1岁左右，宝宝就可以练习用敞口杯喝水了。宝宝刚开始用敞口杯时液体不要装太满，否则他们会将大部分水漏到衣服上甚至流到鼻子里。带有宽大把手的敞口杯能让宝宝抓握得更顺手。

**妈咪问，
苏蒂答**

Q：给宝宝准备手指食物，可他只会把食物捏烂自己却不吃，这是怎么回事?

A：自主进食需要宝宝同时具备意愿和能力。如果出现以上情况，先要了解宝宝是不愿意还是能力不够。如果宝宝没有吃的兴趣，家长可以多做示范，多鼓励。如果经过鼓励宝宝还是这样，说明宝宝还没准备好，可以再耐心等待一段时间。

一些宝宝曾经表达过想要自己吃，但是遭到了家长的阻止，现在允许他们自己吃，他们却信心不足了，这也会导致宝宝出现问题中的表现。面对这种情况不要着急，多给宝宝正面的评价。另外，对于兴趣来得快、去得也快的宝宝来说，把剩下手指食物全部捏烂是正常的表现，这并不意味着宝宝讨厌手指食物。

Q：宝宝还没长牙，能吃手指食物吗? 会不会卡住?

A：手指食物提供的时机不能以宝宝是否出牙为依据。初期的手指食物十分软烂，用拇指和食指就能轻松捏烂，也可以被宝宝的舌头和上腭压烂，宝宝即使没有牙齿也可以吃。牛油果、蒸软的土豆条就是典型的初期手指食物。像生黄瓜、生苹果、甘蔗这类食物就不建议给宝宝提供，因为质地很硬，宝宝处理不了，很容易被卡住。

很多妈妈看到宝宝吃了手指食物后咳嗽、脸发红、眼泪汪汪的样子就不淡定了，觉得手指食物很危险。其实干呕、呛到和引起生命危险的窒息并不相同，前两种是正常现象，妈妈不必太担心。如果能耐心观察一会儿，就会发现宝宝大多能把食物吐出来或重新处理后咽下，并不影响继续进食。有时反倒是大人的大呼小叫吓到了他们，让他们哭闹、拒绝进食。宝宝越小，口腔中触发干呕和咳嗽的位置越靠前，这种生理保护机制可以有效保护宝宝。只有经历这些失败，宝宝才能领悟到正确的进食方式，所以家长不应因噎废食、不给宝宝尝试的机会。

如果宝宝被食物堵塞了气管，发生窒息、无法咳嗽、无法顺畅呼吸、面色发绀，家长可以提前学习"海姆立克急救法"，在必要时对宝宝进行急救，具体见图7.1。为避免这种情况的发生，不要在吃饭时逗宝宝笑，不要让宝宝在跑动中进食，不要让宝宝平躺着或斜躺着进食。

图7.1 海姆立克急救法图示（适用于1岁以下婴幼儿）

Q: 宝宝把手指食物一股脑儿全塞进嘴里，吃不下又全吐出来了，该怎么办呢？

A: 对于较小月龄的宝宝来说，动作往往发生在思考之前。这就意味着宝宝在拿到食物的第一时间，不是思考自己有能力处理多少食物、按量进食，而是先把所有东西塞进嘴里再说。所以不要在宝宝面前放很多手指食物，每次只给他一两个，吃完再加，由家长控制进食的速度。

Q: 让宝宝练习用勺子，他只会敲敲打打和往地上扔，依然用手抓食物吃，这种情况下还能继续练习用勺子吗？

A: 上述表现说明宝宝可能到了扔东西的敏感期，练习勺子不顺利的话，可以暂时把食物处理成适合用手抓的，等宝宝度过这个阶段后再练习。即使是会使用勺子的宝宝，有时也更偏爱用手抓，毕竟在他们看来，手是又快又准又方便的工具，而勺子则是个"怪东西"。家长们耐心等待吧！

Q: 宝宝愿意用勺子吃饭，可是勺子里的食物掉了他就会生气地把所有东西都推到地上，该怎么办呢？

A：1岁后的宝宝慢慢认识了真实的世界，他们曾经以为自己无所不能，可现在许多事情上他们都因能力不足而败下阵来，比如堆几块积木就倒了、怎么都打不开盖子、到嘴边的食物掉了……挫败感会让宝宝产生坏情绪，可他们又无法用语言表达内心的感受，所以会出现撒泼哭闹、破坏东西的行为。要帮助宝宝顺利度过这个时期，首先家长要多做示范，给宝宝提供成功率高的食物。其次可以让宝宝先吃一些手抓食物，消除了饥饿感再练习用勺子。另外，当宝宝哭闹时要注意安抚他的情绪，家长可以这样说："妈妈知道食物掉了你很不开心，本来你都快吃到了，现在没吃到好可惜，也许我们再试一次就能吃到了呢。"年龄较小的宝宝还不具备在困难时想出解决办法的能力，他们的第一反应还是哭闹喊叫。宝宝每天都在未知的世界里探索，要注意多鼓励他，相信成功终究会来到。

第**2**节　咀嚼锻炼的意义

初次听到"咀嚼锻炼"，很多家长会纳闷：吃东西还要锻炼？难道不是人生来就会的吗？也有家长认为：宝宝牙都没几颗，消化能力又弱，吃太粗、太大的食物一定会损伤肠胃，还是吃柔软的糊状食物比较合适。

面对家长的种种疑虑，我先分享两个真实的故事。我曾遇到过这样一个案例：有个宝宝到了上幼儿园的年纪还只能吃糊糊，进食能力非常弱，原因是家长平时为了省事，不管什么食物都打成糊给宝宝喝。宝宝一次能喝好多，身高体重也正常，家长就没觉得这样吃对孩子不利。等孩子上了幼儿园，问题就暴露出来了。食物稍稍大一点儿，宝宝就不会吃了，经常卡住呕吐，急得家长三天两头就往学校跑，悔不当初。

还有一次，我在酒席上遇到了一个五六岁的男孩，发现他吃鸡腿时需要奶奶帮他把鸡腿上的肉一点一点拆成肉丝他再吃。原来，男孩平时在家吃鸡腿、排骨等食物都要弄得很细、很碎才吃，不然就拒绝吃饭。

这两个例子有些极端了，但是宝宝咀嚼锻炼不及时导致喂养困难的情况并不少见。辅食添加的最初半年，是宝宝对食物的味道和质地最敏感的时期，家长要提供不同的食物让宝宝学习和接受。研究表明，如果宝宝在11个月前没有尝试过块状食物，那以后喂养困难的风险将会大大增加。

为什么要进行咀嚼锻炼？

1. 更好地消化食物

从添加辅食开始，宝宝就在通过吃不同的食物锻炼咀嚼能力。咀嚼可以把大块的食物磨碎，有助于胃、胰腺、动物肝脏等分泌消化液，与食物充分混合，将食物彻底消化。咀嚼动作少、处理食物能力弱的宝宝，通常食欲也不太旺盛。

2. 减少喂养困难

一个完整的进食动作需要舌头、嘴唇、牙齿、面部肌肉等协调运作才能完成，这种进食能力只能通过吃东西锻炼出来。宝宝一天的进食次数和时间是有限的，如果家长没有主动带宝宝练习，等宝宝过了一岁就容易出现含饭不吃、吃饭效率低、不会吃大块儿的硬食物等喂养问题。

3. 产生其他正面效果

咀嚼动作会使大脑中的血流量增加，有利于大脑的发育。咀嚼食物会给牙齿施加压力，能帮助宝宝更顺利地萌出和替换乳牙。咀嚼时会产生更多唾液，唾液中的富酪蛋白能保护牙釉质不被侵蚀，使宝宝的牙齿更健康。咀嚼会锻炼面部和口腔中的肌肉，使脸部的线条更加圆润美观。

用什么食物锻炼咀嚼？

1. 7~8个月的宝宝

刚开始添加辅食的宝宝，所吃的食物处于液体到固体的初期过渡阶段。此时，适合咀嚼锻炼的是泥糊状食物，其特点是比奶稠一些，比固体食物稀软一些。妈妈可以将食材蒸熟、煮熟后用辅食机或料理棒搅打成泥，并逐渐增加泥的粗糙度。

2. 9~10个月的宝宝

如果宝宝在接触了一段时间的辅食后，对泥糊状食物的接受度较好，就可以尝试碎末状的食物了。如果此时添加了手指食物，可以通过手指食物获得更

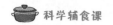

多的练习机会。

3. 11~12个月的宝宝

在辅食末期，要注意给宝宝搭配不同形状和口感的食物，让宝宝拥有更多选择和尝试的机会，同时减少过稀食物的比例。在此月龄，柔软的小丁块食物比较适合宝宝进行咀嚼锻炼。

4. 1岁以上的宝宝

1岁以上的宝宝可以逐步融入家庭饮食了。可以把大人食物处理得更小更软些，锻炼咀嚼能力的同时也不增加消化负担。

5. 找到适合宝宝的锻炼区间

宝宝的学习能力存在差异，相同月龄的宝宝能处理的食物性状也不完全相同。无论是宝宝日常锻炼咀嚼能力，还是在稍有落后的情况下进行追赶，都需要先找到适合宝宝的锻炼区间。

技能的掌握需要循序渐进，技能的学习需要适度刺激。太简单的刺激称不上学习，舒服惯了就会懒得去学；而太难的刺激又容易滋生畏难情绪，让宝宝害怕去学。就像最受欢迎、最有成就感的题目并不是扫一眼就能知道答案的，也不是抓耳挠腮几小时也没有头绪的，而是想一想有机会做对的。

如果把咀嚼锻炼的难易程度划分区间，大致可以分为舒适区、学习区和恐慌区。下面举两个例子说明。

叮叮10个月大，目前能顺利地吃米糊、稠粥和烂面条，能吃少量蒸软的蔬菜手指食物，吃米饭有时会干呕。

叮叮目前的舒适区为糊类、粥面、小碎末状食物；学习区为小丁块状食物、软米饭、馒头、肉丸、水果等手指食物；恐慌区为大颗粒状食物、硬米饭、大块的炒菜。

当当10个月大，辅食的粗糙度一直没有增加，吃饭都由大人喂。目前当当吃米糊比较顺利，吃粥、面条、手指食物常常会干呕。

当当目前的舒适区为糊类；学习区为稀粥、烂面条、柔软的条状手指食物；恐慌区为小丁块状食物、软米饭、馒头、肉丸、水果等手指食物。

虽然两位宝宝月龄相同，但给他们提供的锻炼咀嚼能力的食物完全不同。

当当的学习区仅相当于叮叮的舒适区；而叮叮的学习区则会成为当当的恐慌区。弄明白宝宝目前的能力水平，划分锻炼区间，才能决定下一步提供什么样的食物，才能让宝宝的锻炼合理而有效。

妈咪问，
苏蒂答

Q：宝宝出牙晚，是不是要等长牙了才能给硬一点的食物？

A：宝宝牙齿萌出的时间存在个体差异。出牙最早的和出牙最晚的时间能相差半年。如果等宝宝长牙再进行咀嚼锻炼，很可能就落后于其他宝宝了。牙齿萌出前，牙龈的力量也不弱，同样能处理一些食物。练习咀嚼的目的是熟悉进食步骤，知道食物进入口腔要咀嚼。先把基本功练好，等牙齿长出来，进食自然就更有效率了。

Q：宝宝最近吃了食物会干呕，是他的进食能力倒退了吗？

A：如果宝宝进餐时过于疲劳或困倦，进餐的专注度就会降低，可能会暂时引起咀嚼和吞咽的不协调，进而发生干呕，可以尝试着减少进餐前的运动量或者调整吃饭的时间。

如果宝宝正处于长牙期，咀嚼会引起他的不适，连贯的进食动作被迫中断，也会引发干呕。

此外，烹调方法、食材的大小和软硬、喂食频率的改变也会引起宝宝暂时的不适。

Q：宝宝吃稍粗一点的食物就卡到，还能继续吃吗？

A：习惯了吃"舒适区"食物的宝宝，一开始接触"学习区"的食物，多少都会有不适，他们需要时间摸索和学习。当他们用之前的方法处理食物时出现干呕或呕吐，就会促使他们想更好的办法来处理食物。吃"学习区"的食物就像学走路，总会遇到磕磕碰碰。如果因为担心宝宝失败就不给他锻炼的机会，那宝宝

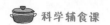

处理食物的能力就会一直止步不前。不要给宝宝吃超出他目前进食能力太多的食物，那可能会让他心生畏惧，拒绝去尝试。

Q：宝宝吃了较粗糙的食物后便便里出现了食物残渣，是不是说明食物不消化？

A：仅依靠牙龈，宝宝无法将食物研磨得很彻底，香菇、玉米、菜叶等食物吃下去后很容易在便便里见到原型，这种情况在宝宝出齐20颗乳牙后便能得到改善。如果宝宝生长发育正常，只是便便里有部分食物原型，那么妈妈不用太担心。如果宝宝的便便里有大量食物原型并且伴随生长发育异常，就需要将食物处理得更小一些了。

Q：宝宝吃东西不怎么嚼就咽下去了，该怎么教他细嚼慢咽？

A：教宝宝细嚼慢咽有很多办法。可以让宝宝和大人一起吃饭，让他观察家庭成员细嚼慢咽的动作；可以将食物处理成立体状，促使宝宝做更多的咀嚼动作，比如将松散的米饭制成紧实的饭团、将蛋羹改为鸡蛋卷饼等。另外，宝宝吃饭时家长不要催促，也不要许诺他吃完饭后可以获得奖励。如果宝宝喜欢绘本，可以和他共读《肚子里有个火车站》，让宝宝知道不仔细咀嚼的坏处。

第**3**节 隔代喂养

对于父母都是上班族的家庭，将宝宝交给长辈带是很普遍的现象。按理说，长辈帮忙带宝宝，一定程度上可以缓解父母的压力。可是每当我和粉丝们谈起"隔代喂养"，妈妈们似乎总带着不满和无奈，喂养问题甚至成为了两代人最大的矛盾。有妈妈说："长辈带宝宝已经很辛苦了，就别要求那么多了。"也有妈妈说："真想辞职自己带。"隔代喂养的难题到底该怎么解决呢？

长辈们的特点

1. 限制多

长辈对宝宝的限制通常比较多，宝宝的自主进食经常会因为吃得脏、吃得少、浪费粮食、没规矩等受到长辈的阻挠。还有一些长辈强调节约，不允许宝宝剩食物。

2. 观念局限，经验为上

过去的喂养知识和喂养用具（比如餐椅）匮乏，长辈们大多凭借自己或周围人的经验养育孩子。现如今，大多数长辈的喂养观念依然是"老一套"，比如"吃太杂了不消化""孩子要少吃点肉""不吃盐没力气""宝宝不爱吃肯定是你做得不好"。他们不知道大环境在改变，喂养观念已经不同于以前了，让宝宝吃饱仅仅是最低要求，"吃好""长好"是我们更高的追求。

3. 缺少原则

长辈们往往过分关爱宝宝，尤其受不了让宝宝挨饿。宝宝不吃饭，他们就

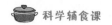

给零食；宝宝不肯坐餐椅，他们就抱着宝宝吃或满屋追着喂；宝宝吃饭没耐心了他们就给玩具或手机……这些都不利于宝宝养成良好的进食习惯。

4. 缺乏甄别信息的能力

长辈因知识储备和圈子有限，大多对信息的甄别能力并不强，再加上逐渐患上的大小疾病，使得他们很容易被"健康恐吓"类文章所影响，他们也热衷于分享这类内容。

很多人发现老一辈的"旧"观念惊人地相似，这其实和老人所处的年代和经历有关。比如在以前，人们进行的是高强度的体力劳动，体内的钠随着体液流失会导致人四肢无力、头昏眼花，只能通过重口味、高盐分的食物来补充，自然会把"不吃盐"和"没力气"联想在一起。再比如以前没有餐椅，宝宝一般是坐在小板凳上吃饭。等宝宝到了活泼好动的年纪，很难安安静静地坐着吃，到处追着喂就成了不得已的办法，这导致即便现在家中配备了餐椅，不少老人也仍然倾向于追着喂，抱着吃。

这些观念一旦形成是很难改变的。当你尝试向长辈传达一种新的喂养观念时，本质是要洗去那个时代的烙印，这不是一件容易的事。长辈若能接受，自然是非常幸运；如果不接受，也很正常。妈妈们如果能理解这一点，内心也许会感到释然吧。

交流很重要

如果把家庭比作一个"育儿团队"，那么妈妈的观念和在其中的作用直接决定了宝宝今后的进餐行为和饮食习惯。

老一辈可能观念传统，性格也比较固执，但是可以肯定的是，他们对宝宝的爱是真心的，有利于宝宝成长发育的事他们最终都会支持。那么在这个过程中，家庭内部的协调很重要。

首先，爸爸要足够尊重和信任妈妈、支持妈妈的想法和做法，这样妈妈就不容易受到长辈的"排挤"，安排宝宝饮食时也会更有决策权。其次，妈妈也要用实际行动让自己被老人信任，多想一想妈妈平时是否足够关注宝宝的喂养问题？是否一有空就亲自动手做辅食？是否有成功的经历可以支持你进行科学喂养？闲暇时妈妈是在学习喂养知识还是在消磨时间？长辈对努力的人的态度总是会好过爱抱怨的人。

有趣的是，宝宝也会敏感地察觉到不同喂养人的不同风格。比如有的宝宝在老人喂饭时总会动来动去提各种要求，在妈妈喂饭时就十分乖巧。这可能是他们注意到，奶奶虽然唠叨但是对我无计可施，而妈妈对我很严格并不好惹。当然，也有的宝宝与此相反。不要担心，这可能是因为宝宝觉得和妈妈的关系更亲密，可以在妈妈面前肆无忌惮。家长要注意不要用吃饭的事儿吓唬宝宝，宝宝可分不清"不吃饭我就把你送走"这句话是真还是假，他们很害怕"被恐吓、被抛弃"。

不妨先改变自己

1. 让你的努力被看到

一个愿意学习钻研的人，说明是一个重视宝宝、有上进心的人。安静的学习有时会被认为只是在玩手机，所以妈妈们不要默默学，要高调地学。如果你看到了一条实用的微博，请及时告诉长辈："妈，原来胡萝卜不用油炒吃更健康。"如果你看到了一篇好文章，也及时告诉长辈："今天我看了一篇文章，原来小朋友一天要喝这么多水，我要给馨馨买个好看的水壶教她自己喝。"如果你正在看喂养视频，可以把声音开大一点，让家人都听到……如果你经常分享正确的知识，长辈也会潜移默化地受到影响。如果妈妈的话缺乏说服力，可以让专家们来助力。《中国居民膳食指南》《美国儿科学会育儿百科》等图书都是育儿界的权威，其中有关喂养的观念不妨读给长辈听。

2. 注意方式方法

如果长辈哪里做错了，最好不要当面指出，因为当面承认错误本就是一件很为难的事情。对长辈来说，无论用什么方式喂养，出发点都是为了宝宝，当面指出他们的错误很容易招来"辛苦带孩子还不讨好"的抱怨。

如果想提意见，不要直接否定。可以先肯定长辈的付出，然后表达你希望

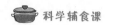

对方怎么做，这么做会带来什么好处或者采取错误的喂养方式可能会引起哪些后果，再适时举几个反面例子加以渲染，这样会更容易让长辈接受。

3. 先拉拢老公

婆媳关系很微妙，也很脆弱。如果你的攻坚对象是婆婆，不如先拉拢老公，多给老公发一些喂养文章、多给他普及一些新知识、把宝宝吃饭的照片发给他看、把你为宝宝做的美食晒在社交圈里、和他分享你的喂养感悟……把自己塑造成一个"懂喂养知识的好妈妈"的形象。这样当你和老人的喂养观念有矛盾时，老公能出面做"和事佬"，矛盾不会进一步积累和激化，家庭关系会比较融洽。

4. 别太计较细节

几个人同时照顾宝宝，免不了会因各种原因导致育儿观念发生冲突。长辈的喂养观念固然与你不同，但是能帮忙照顾宝宝已经是为你解决了最大的难题。有些冲突实在无法解决，也没必要上升到家庭矛盾，在孩子面前争论不止更是不明智，宝宝会认为自己是引发大人争吵的"坏孩子"。比起争论喂养观念的对与错，和谐的家庭氛围对宝宝的成长更重要。只要原则上不出错，宝宝能获得良好的饮食照料就好了，不必太计较细节。我们要相信，长辈是带着爱来照顾宝宝的，只不过她（他）表达爱的方式与你不同。你的爱是给宝宝更多的自由和鼓励，而长辈的爱则是尽量满足宝宝的要求。谁又能判断哪种爱更"高尚"呢？

5. 让宝宝决定"对错"

育儿观念很难分出对错，与其和长辈争论不休，不如以宝宝的实际表现来决定谁的方案更好。比如，长辈认为应该喂饭，而妈妈认为应该锻炼宝宝自己吃饭的能力，不妨就以半个月为限，先统一按妈妈的观念鼓励宝宝自己吃，观察宝宝是否吃得顺利和开心，如果宝宝自主性很强、喜欢动手探索，一定会乐在其中；如果宝宝对自己吃饭没兴趣，自己吃经常挨饿，不妨采取长辈的做法。

6. 抓住长辈的"痛点"

我们可以在长辈在意的点上下功夫。如果长辈希望孩子聪明伶俐，妈妈可以把其他宝宝自己吃饭的录像给长辈看，大口吃饭的宝宝哪个长辈会不喜欢呢？如果长辈比较爱面子，可以在别人面前多夸奖他们带孩子的成果，众人的肯定会让他们备感幸福。若真遇到问题也不要太针锋相对，晚辈服个软真的不丢脸，等大家情绪稳定了再讨论。

全家齐上阵

说得多不如做得多，宝宝是长辈在带，饭是长辈在做，你提出异议时自然底气不足，所以一有时间，就主动为宝宝做饭吧，同时给长辈们放个假，一是让他们好好休息，二是可以规划宝宝的饮食。注意多观察宝宝的进食表现和对食物的喜好，了解宝宝进食能力的发展。

要尽量想办法弥补长辈做的不足的地方。比如许多长辈不会使用辅食工具，做辅食时手忙脚乱，不知道给宝宝吃什么食物，也不知道什么时候该添加哪些食材，这些问题我们要想办法解决。

1. 主动承担"思考"的工作

提前想好如何给宝宝搭配食物，将每餐的食物以及需要采购的食材列出，通过微信、日记本、便利贴等方式清晰传达给长辈，长辈只需要执行就好，省去了很多中间环节。

2. 做好充分的准备工作

妈妈可以在空余时间多做一些辅食冰块或适合保存的食物，长辈取出加热一下就可以给宝宝吃了，非常节约时间，比如可以用电炖盅预约食物、将食材预处理储存在冷藏室里。

3. 分工合作

妈妈也可以和长辈分工合作。妈妈承担一部分工作、长辈承担一部分工作，辅食制作会更顺利。以下这些辅食的制作适合妈妈和长辈分工合作。

胡萝卜干贝蛋黄二米粥

妈妈需要做：大米和小米淘洗干净、干贝泡发、胡萝卜洗净切碎，混合放入电炖盅预约。

长辈需要做：煮鸡蛋，剥出蛋黄和煮好的粥混合。

手指食物土豆

妈妈需要做：将土豆洗净，切成食指大小，浸泡在水中，放入冷藏室。

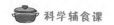

长辈需要做：取出土豆条煮软，做成手指食物。

南瓜猪肉面疙瘩

妈妈需要做：把猪肉和南瓜搅打成泥，加面粉和水搅拌成稠面糊，盖上保鲜膜冷藏。

长辈需要做：取出面糊，用勺子舀取食指指甲大小，放入热水中煮熟。

娃娃菜番茄三文鱼粒粒面

妈妈需要做：娃娃菜和番茄洗净切碎末，三文鱼解冻后切碎末，一起冷藏。

长辈需要做：粒粒面煮到八分熟，放入娃娃菜、番茄和三文鱼煮到软。

青菜西葫芦鸡蛋饼

妈妈需要做：青菜和西葫芦洗净切碎末，加入面粉和水搅拌成面糊，盖上保鲜膜冷藏。

长辈需要做：面糊里打入鸡蛋搅拌均匀，锅热倒油，倒入面糊两面烙熟并切块。

南瓜发糕

妈妈需要做：南瓜洗净去皮打成泥，与面粉混合发酵后蒸熟，放凉后冷冻保存。

长辈需要做：发糕取出蒸软，切成合适的形状给宝宝当手指食物。

虾肉小馄饨

妈妈需要做：虾肉剁成泥，包入小馄饨皮中收口，包好后冷冻。

长辈需要做：取出小馄饨煮熟，放凉喂给宝宝吃。

花蛤炖蛋羹

妈妈需要做：花蛤洗净后煮至开口，取肉剁碎冷藏。

长辈需要做：鸡蛋打散后加入2倍温水，加入花蛤肉搅拌均匀，盖上保鲜膜蒸熟。

黄瓜土豆牛肉焖软饭

妈妈需要做：黄瓜和土豆洗净切碎、牛肉剁成碎末。大米淘洗干净，将所有食材放入电炖盅中加水预约，煮成软饭。

长辈需要做：取出煮好的饭，放凉后喂给宝宝。

番茄肉酱卡通意面

妈妈需要做：番茄洗净切碎，五花肉剁成碎末，一起倒入油锅炒熟后加水焖软，再加少量淀粉水勾芡拌匀，倒入辅食冰格冷冻成块。

长辈需要做：卡通意面煮熟后捞出。取出番茄肉酱冰块蒸至融化后和意面炒匀。

第**4**节 避免餐桌战争

随着生活条件的提高，宝宝想吃什么家长都能满足，可喂养困难的情况却越来越多。很多妈妈都忍不住叹息：我家宝宝吃饭太困难了，怎么都喂不进去，一顿饭吃好久也吃不了多少。宝宝吃饭为何如此困难？除了改良食物、培养良好的进食习惯，还要了解这些行为背后的心理原因。

餐桌上你们合拍吗？

宝宝在餐桌上除了获得食物，也是在和家人进行交流。所谓千人千面，喂养人和宝宝的性格特点，是不是"合拍"，决定了一个家庭的喂养风格。

1. 了解宝宝的气质类型

有妈妈抱怨："为什么我每天换着花样地做饭给宝宝吃，他还是没什么兴趣？邻居家的孩子咸菜汤泡饭都能吃一大碗。"还有妈妈困惑："给双胞胎宝宝吃同样的食物，一个很爱吃，一个却不爱吃，差别怎么这么大？"爱不爱吃饭这件事儿很大程度上是由宝宝的气质类型决定的。气质是指驱动宝宝一系列心理活动的内在动力，它是与生俱来，难以被改变的。

宝宝的气质类型可通过九个维度判断。

（1）活动水平。上蹿下跳的宝宝通常比安静的宝宝能吃，活动水平高的宝宝吃饭时玩食物、东摸西看的小动作会比较多。

（2）节律性。节律性高的宝宝睡眠、排便、进餐都比较规律，也不容易受到影响。

（3）趋避性。趋向性高的宝宝容易对新食物感兴趣，接受度高；回避性高的宝宝面对陌生食物常常退缩，需要多次的尝试才能接受，更喜欢吃熟悉的食物。

（4）适应性。适应性低的宝宝要花很长时间才能适应用餐环境和喂养人的变化。如果某个进食状态让他不愉快，这种不愉快往往会持续很多天。

（5）反应强度。反应强度高的宝宝，表达需求和情绪时比较强烈。上一秒可能还是餐桌上会哈哈大笑的开心果，下一秒可能就会用高声尖叫、大哭大闹来抗议。而反应强度低的宝宝表达情绪不明显，很难捕捉他们的表情，很难判断他们对食物的喜恶。

（6）情绪本质。情绪本质积极的宝宝在餐桌上大都是愉悦的，而情绪本质消极的宝宝较难被食物取悦。

（7）持久度。持久度高的宝宝抗干扰的能力较强，在学习进食技能的时候即使遭遇失败也不轻易放弃，对于想要吃的食物会很执着地要求吃到；持久度低的宝宝如果进餐中遇到不顺，很容易发生哭闹，中断吃饭，并且拒绝再尝试。

（8）注意力分散。注意力容易分散的宝宝在餐桌上很少"定心"，周围总有无数的事物在吸引他。当发生不愉快时，转移他的注意力，他就很容易被安抚。

（9）反应阈。反应阈低的宝宝情绪波动比较大，吃饭时掉落了一根面条，手指上粘了几粒米饭都能让他们哭闹起来。家长经常会疑惑："我到底哪里又惹到他了"。

根据九个维度，宝宝的气质大致分为三类：

容易型：这类宝宝进餐时间固定，在餐桌上的小动作不太多，饭量稳定，较少拒绝新食物，学习新技能时能坚持下来，能适应不同的吃饭场所，情绪平稳，比较好带。

困难型：这类宝宝进餐时间不定，胃口时好时坏，很难接受新食物，难以适应不同的吃饭场所，对不高兴事物反应强烈，不容易和家长达成合作，情绪不太稳定。

缓慢型：这类宝宝进餐时间较固定，需要多次尝试才能接受新食物，情绪稳定，性格温和，缺乏鼓励时不愿意坚持学习新技能，自主进食开始时间比较晚。

另外还有两种气质类型——中间偏易型和中间偏难型，这两种介于容易型和困难型之间。在有喂养问题的宝宝中，困难型和中间偏难型占比较高。家长如果能了解宝宝的气质类型，就能对宝宝在进餐中的表现感到释然了。

2. 喂养人的性格特点

宝宝的气质有差异，喂养人也是如此。喂养人的风格可以分为以下四种类型。

领导型家长：权威有主见，习惯发号施令，容易苛责宝宝，对宝宝食量的波动难以容忍，不太考虑宝宝的感受。

如果你是领导型家长，一方面要继续坚持吃饭的原则，一方面对宝宝的态度要温和一些，多尊重宝宝的意愿，不要和宝宝形成敌对关系。你要注意多观察宝宝的举动，当宝宝在探索时，不要觉得他在破坏；在宝宝表达兴奋时，不要打断和苛责他。

随意型家长：喜欢和宝宝互动，亲子关系融洽，对喜欢的事情动力满满且坚持不懈，但喂养方式比较随性，容易宠溺骄纵宝宝。

如果你是随意型家长，应该继续保持良好的心态，努力给宝宝提供更丰富的辅食，提前做好辅食计划，方便回顾总结。另外还要选择对宝宝有利的喂养方式，多学习科学的喂养知识，主导宝宝的食物选择和搭配，让自己更有权威性。对于宝宝错误的吃饭行为，该拒绝就要拒绝。

敏感型家长：对宝宝态度温和，喜欢学习新知识，勤于思考总结，有时对细枝末节过于在意，容易钻牛角尖。这类家长常把出现的喂养问题归因于自己；与宝宝发生冲突时，常常对宝宝妥协，态度卑微。

如果你是敏感型家长，记得多和家人沟通，不要一个人抗下所有。对宝宝的爱你要把握好度，学会从忙碌的生活中寻找自己的乐趣，给自己一些私人时间。另外，对于宝宝的无理要求你要懂得拒绝，让他学会对自己负责，用爱引导宝宝成长。

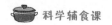

纠正型家长：果断有主见，发现问题能及时解决，但平时对宝宝比较严肃，和宝宝的交流很少，总觉得自己比宝宝更"高明"，希望每件事都按照"正确"的方向走，一旦偏离预期就想要干预和纠正。

如果你是纠正型家长，应该多听取别人的意见，对宝宝多些宽容，不要用心中那个"完美"的标准伤害宝宝的自尊，让他们觉得自己很差劲。你也要允许宝宝犯错，鼓励他们有创意的尝试，在取得进步的时候多赞美他们。即使宝宝做错了，批评时也要注意态度。多和宝宝沟通交流，用鼓励而非指责的方式帮助宝宝成长。

3. 喂养也需要磨合

就像恋爱中的两个人需要磨合一样，餐桌上喂养人和宝宝也需要磨合。比如缓慢型的宝宝本来需要多次尝试才能接受新食物，如果遇到心急火燎、习惯于发号施令的领导型家长，就很容易发生冲突；家长也会认为宝宝总在和自己对着干。再比如困难型的宝宝进餐专注度较差，食量也常有波动，敏感型的家长就会胡思乱想：宝宝不愿意吃饭是不是我造成的？这样下去宝宝的发育会不会有问题？但是容易型的宝宝遇到了领导型的家长，或者缓慢型的宝宝遇到了随意型的家长，吃饭也许就不是棘手问题了。了解宝宝的气质类型和家长的喂养风格，有助于彼此了解，让餐桌的氛围更和谐。

正确认识理想与现实

如果宝宝吃饭总是令你感到烦恼和不满，可能问题并不在宝宝，而在于妈妈的想法有偏差，不能客观地描述和接受事实。

1. 以偏概全

很多家长这样认为："宝宝从来不能安静地坐着吃完一顿饭""他对食物一直都不感兴趣"，这是典型的以偏概全。对这些家长而言，他们只关注宝宝吃了多少，宝宝的破坏、哭闹等行为都会成为家长紧张、焦虑和愤怒的来源。

如果家长过于关注宝宝是不是好好吃饭，不愉快的感受会被无限放大，宝宝一次吃不好他们都无法忍受，偶尔出现的不好表现也会被认为是常态。家长不妨将关注点放在宝宝的进步上，比如宝宝拿手指食物的动作更流畅了，宝宝愿意尝试几口新食物了，不要纠结于消极的一面，比如宝宝又浪费了，很多食物宝宝都不爱吃……

事实上，宝宝每餐的食量就是会有差异，这与许多因素有关，比如上一顿的进餐量、两餐之间的活动量、环境、温度、光线、睡眠质量、食物搭配……

解决方法：以一个月为周期，每餐用固定容器盛放宝宝的食物，客观记录宝宝每顿的进餐量（如米饭吃了1/3，肉丸吃了1个）和进餐情绪（如安静吃了5分钟、第15分钟开始分心），从而掌握宝宝进餐的平均状态。

2. 谁该负责

如果出现了喂养问题，敏感型妈妈容易将问题归咎于自己，她们自责、自卑，沉浸在痛苦中；而纠正型妈妈则会把责任推给宝宝、保姆、长辈等人，认为是他们导致的，从而变得怨气冲冲。

解决方法：观察或咨询同龄宝宝是否也存在同样的问题，其他妈妈又是如何处理的。如果是阶段性的正常表现，比如宝宝长牙期导致的食量下降，那任何人都没有错。如果是喂养方式不当，比如没有及时鼓励宝宝自主进食，让宝宝不愿意吃饭了，那就收起抱怨，想办法解决问题。

3. 正确的预期

许多妈妈焦虑甚至愤怒的点在于，辛辛苦苦做了这么多食物可宝宝却不买账，心中难以接受付出和回报之间的落差。遇到这种情况先冷静下来，宝宝拒绝你准备的食物并不代表他不喜欢你、不尊重你的劳动成果。事实上，孩子在2岁以前，很难清楚地理解别人的感受。带着有预期的心态去看待宝宝的进食量，只会引起焦虑。我从妈妈们的抱怨中发现，很多家长口中的"宝宝不正常"，其实是家长给错了预期。

解决方法：不妨把自己想象成传菜员，给宝宝食物的同时也把吃什么、吃多少的权利交给他。如果妈妈时间不充裕，不要经常做工序复杂的食物，避免宝宝不吃时产生巨大的心理落差。给宝宝尝试新食物时要客观记下每次的反应。

4. 理解哭声

宝宝的哭声是他们的一种语言，哭泣的宝宝很渴望得到家长的回应与安

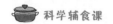

慰。多观察多思考才能从宝宝的哭声中找到其真正的需求。

如果宝宝一坐上餐椅就哭，可能是在餐椅上曾有过被强迫吃饭的经历，应该改变喂养策略，给予宝宝更多的信任和自主权；如果宝宝吃着吃着忽然哭了，可能是在长牙或口腔有溃疡，吃东西有疼痛感，这就需要将食物更换为流质软烂的食物；如果一用勺子吃饭宝宝就哭，可能是宝宝在向家长发出"我不喜欢被喂，我想自己吃"的请求，此时应该给宝宝提供手指食物，鼓励宝宝自己进食。

如何控制"发怒"？

许多家长认为，如果孩子不好好吃饭，揍一顿他就听话了。可真正实施起来家长们会发现，打骂只能震慑宝宝一时，下次吃饭又回到了老样子，用惩罚换来的服从并没有使孩子从本质上变好。打骂孩子和好好吃饭之间只是偶发的先后关系而非必然的因果关系。难怪夜深人静时我常收到这样的留言："今天吃饭我又打骂孩子了，当时实在没忍住。现在看着他熟睡的样子我真的很后悔"。

我们通常低估了进餐情绪对食欲的影响，餐桌上压抑紧张的气氛会让一个本该饥饿的宝宝不想吃东西。大家一定有这样的体验：和闺蜜出去散心吃饭，能吃很多，但是和家人发生了不愉快，气得一顿饭可能都吃不下。可想而知，如果长期在冲突不断的环境下用餐，宝宝必然会食欲不振。

看到这里，你可能联想到最近对宝宝发怒的场景了。不用太沮丧，你不是唯一曾对宝宝发怒的妈妈，永远不发怒也许只有神仙才做得到。我明白你内心的担心、焦急、无助需要宣泄，偶尔的情绪失控不必太自责。但经常对宝宝发脾气终究不好，不仅会让宝宝恐惧无助，还可能无形中教会宝宝：发怒是一种解决问题的好方法。那么，如何避免发脾气呢？

1. 明白应该控制什么

妈妈对宝宝越有控制欲，就越容易因为情绪失控而发怒。在进餐过程中，我们要明白什么该控制，什么没必要控制。家长要控制的是宝宝的进餐地点（比如只能坐在餐椅上进餐，不能四处走动）、控制宝宝吃的食物（比如只允许宝宝在提供的食物中选择，不能选择零食）、控制宝宝的进餐时间（每餐

20～30分钟）；家长不需要控制宝宝的进食量（宝宝吃多些吃少些都是正常的，不要强迫宝宝必须把食物吃完）、宝宝选择吃哪种食物（让宝宝在家长提供的食物中选择自己喜欢的）、宝宝的自主进食行为（鼓励自主进食，允许"符合"宝宝年龄的脏乱场面出现）。明白了这些，你会发现很多问题根本不值得"开战"。遗憾的是，许多家长的现状是该控制的放任自由，不该控制的却干预过多。

2. 设置提醒

与孩子相比，我们无论从智力还是体力上都占有绝对的优势，进入愤怒状态的我们理性思考的能力直线下降，此时惩罚孩子是非常不公平的。给自己设置提醒可以帮你快速冷静下来。可以将宝宝吃饭时的可爱照片和视频保存在手机里，吃饭前浏览一下。也可以在餐厅醒目的地方张贴标语，如"妈妈请多些耐心，我在学习吃饭""妈妈别发火，我很害怕""不要强迫我吃饭，我真的不饿"。有位妈妈曾分享过一个小妙招，允许自己今天对宝宝发几次火就在手腕上套几条皮筋，每发一次火就拿走一条皮筋。这些方法简单易操作，可以帮助妈妈有效控制住自己的情绪。

很多时候，对宝宝的伤害往往发生在失控的瞬间。当感觉自己快要爆发时可以停下手里的工作并远离宝宝，比如去另外一个房间溜达一圈或者洗把脸，回来时心情就会平复许多。

3. 换换心情

你可以和同龄妈妈多交流，如果发现宝宝的情况不是特例，就不会有明显孤军奋战的感觉了。每天给自己一些放松心情的时间，每天都围着宝宝转很容易把小问题放大。可以培养一个兴趣爱好，比如健身、插花、看书……幸福感提升了，也能更从容地面对问题。

听听妈妈们的"焦虑"

在过去收到的喂养咨询中，几乎每一位妈妈都有不同程度的焦虑，她们为了孩子的吃饭问题伤透了脑筋。在这一节的结尾，我摘录了一些妈妈的反馈留

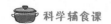

言，希望能给予你一些力量。

1. 我是独自带孩子的妈妈

过去孩子吃饭一直靠喂，在喂的过程中还要各种哄逗，生怕他觉得没意思了要下餐椅，以至于孩子都1岁了，每次吃饭还要靠大人逗着吃，完全感受不到他对食物的兴趣。虽然我知道他不是那种胃口大的孩子，但我依然希望他多吃点儿、吃胖点儿，他一不好好吃饭我就特别焦虑。现在我知道了，其实孩子的胖瘦并不能和别人比，而是要看生长曲线的走势。经过这次调整，我对孩子的吃饭问题突然释然了很多。之前每天因为孩子吃饭的事儿发愁、焦虑，现在我觉得只要尽力提供营养丰富的食物，吃多少就由孩子来决定吧。

2. 我是一个"饭渣"的妈妈

特别感谢苏蒂老师和她的团队成员对我和孩子喂养方面的指导。在此之前，我的情绪完全被孩子吃饭所左右，完全看不到孩子的变化与进步，我的眼里只有吃饭量和喝奶量，它们像两座大山一样压得我喘不过气来！孩子吃的每一口我都非常关注，有时他都哭了，我还想办法逗他多吃一点……因为这事儿，老公和婆婆多次劝我，家庭矛盾也在逐渐升级。我逐渐陷入了孩子不好好吃饭，我吼他、凶他，然后我哭泣、自责、崩溃的怪圈，家里人跟我说话都小心翼翼，因为我"一点就着"。

经过指导，我放下了对量的执念，开始关注用餐本身。他心情好、吃得更多了，我也放松下来享受每顿饭孩子带给我的惊喜。宝宝吃饭的能力提高了，全家气氛都好了。

听闻我的经历，不少妈妈也来向我取经，我发现她们和以前的我一样，第一句话都是"我家孩子吃得不多"，可是吃多少算多呢？是不是只有孩子吃完大人准备的所有食物才叫多？我们都知道要尊重孩子，那么请从尊重孩子的饭量开始。作为妈妈，我们一定要善于发现孩子细微的变化，不要盲目放大孩子的不足。妈妈的情绪特别重要，孩子都是很聪明的，他们能清晰感知到妈妈的情绪。所以，心情愉悦的妈妈才能养育出爱吃饭的宝宝！

3. 一个曾经焦虑的妈妈

我家孩子偏食比较严重，只吃几样东西。在苏蒂团队的指导下，我发现孩子的用餐习惯没太大问题，只是接受新食物的速度比较慢。经过指导，孩子接受了更多的食材。以前，我对孩子吃饭期待过高，根本看不到孩子的进步，觉得孩子好好吃饭是天经地义的事情，吃不好就是孩子的错，现在想想，原来的心态出了很大问题。

我特别想对各位妈妈说，在孩子出现"吃饭问题"的时候一定要保持好心态，妈妈把该做的事情做好，其余的就交给孩子吧。辅食之路很长，我们慢慢来吧。

4. 一个终于让孩子爱上吃饭的妈妈

妈妈要相信，真正有吃饭问题的孩子并不多。有时候并不是孩子不爱吃，而是在吃饭问题上我们不够了解自己的孩子。对于口味挑剔的宝宝，妈妈需要多变化食物的种类、样式和口味，找到孩子的喜好。同时，妈妈要战胜自己的控制欲，该出手时再出手，把吃饭的权利交给孩子。如果孩子自我意识很强，不喜欢让我喂，我就尽量多做一些能用手抓的食物，再准备一些可以用勺子吃的食物。最重要的是家长要心态平和，营造愉悦的吃饭环境，让孩子觉得吃饭是一件快乐的事。相信育儿路上每一个小烦恼都会过去，让我们在学习如何成为一位好妈妈的路上一起努力吧！

5. 一个曾经绝望的妈妈

昨天下午从游泳馆出来，我就激动地给老公打电话报告好消息：体重已经3个月没长的宝宝在不到1周的时间体重长了1斤多，这让我心情大好。没想到这个让我崩溃发狂的"饭渣"宝宝竟然是一个潜在的"饭霸"。

现在想想，我原来真是一个笨妈妈，陷在让宝宝使劲吃饭的怪圈里出不来。哪怕宝宝在餐桌上暴哭，我也要拿东西逗他，让他多吃一口……现在宝宝每天情绪稳定，全家也乐开花。婆婆看到经过我的指导后宝宝可以自己吃这么多，高兴又信服！

感谢这个温暖的团队在我忧虑时给我耐心的指导，细心帮我找到原因，指导我多鼓励宝宝自己吃饭，给他餐桌上的自由。

<table>
<tr><td>第5节</td><td></td></tr>
</table>

宝宝挑食怎么破？

宝宝挑食大概是一个世界性的难题。很多妈妈反映，宝宝到了1岁左右就会对食物产生不同程度的挑剔，还有些宝宝甚至在刚开始添加辅食时就偏爱某种口味，太让人担心了。

挑食产生的原因

1. 味道的初体验

宝宝对食物味道的感知最早可以追溯到妈妈怀孕期间。辅食添加之前，妈妈的饮食口味已经通过羊水和乳汁传递给了宝宝，对宝宝产生了潜移默化的影响。

2. 辅食添加是否合理

7~12个月是宝宝对食物味道和质地最敏感的时期。添加辅食后，家长应该让宝宝尝试各种各样天然味道的食物，逐渐提高食物的粗糙度，尝试不同的烹调方式，尽量不给宝宝吃重口味的食物。有的家庭因为大人的口味单一，采购食材的种类少，这会限制宝宝的尝试，是不可取的。

3. 天生气质不同

不同类型的宝宝接受新食物的速度是不同的。缓慢型的宝宝需要经过10~15次的尝试才会慢慢接受新食物。不得不说，让宝宝接受某种新食物有时也需要一些"运气"，也许在你意想不到的时候他就接受了。所以不要太在意宝宝的拒绝，不要因此质疑自己。

4. 不要过度迎合

当宝宝尝试过几次依然不接受某些食物时，家长不要过早认为"宝宝不爱吃"。不要当着宝宝的面批评某些食材，不要让他听到你对别人说他不爱吃某种食物，也不要故意多提供他爱吃的食物，这些做法都会强化宝宝对某些食物的厌恶。在给宝宝提供食物时，要保持一视同仁的态度，不要带有预设的立场。

5. 心理发育水平

相比婴儿，幼儿对新食物的接受度普遍降低，会出现"假性挑食"，即表现出执着地喜欢或不喜欢吃某些食物。宝宝不喜欢吃的食物，家长可以持续提供，鼓励但不强迫进食，假性挑食通常不会导致严重的后果。2岁左右的宝宝对模仿有强烈的兴趣，可以让宝宝多观察家人、小伙伴或者绘本上的卡通人物吃饭的场景，鼓励他们模仿学习，养成不挑食的好习惯。

为挑食宝宝准备食物

1. 不爱喝奶

每个宝宝都可能出现阶段性厌奶，只要生长发育正常就不用太担心，必要时可以尝试用以下方法增加宝宝的喝奶量。

◎ 引入其他乳制品

宝宝在1岁前可以少量尝试酸奶和奶酪，1岁后可以尝试纯牛奶。大部分母乳宝宝接受其他乳制品需要花比较长的时间，妈妈要对宝宝有足够的耐心。

◎ 用奶制作辅食

若宝宝拒绝直接喝奶，可以用奶制作辅食，比如用奶拌粥、炖蛋、和面、做奶冻、打奶昔、做奶泡麦圈等。

◎ 换一种方式喝奶

可以丰富喝奶的方式，比如购买宝宝喜欢的喝奶杯，和宝宝玩"碰杯"游戏以互相鼓励，比赛谁先把奶喝完……当宝宝在户外玩耍时，可以用奶代替水为宝宝解渴。如果有年龄相仿的小朋友在喝奶，也可以引导宝宝向他们学习。

● **摄入其他的食物补充营养**

可以吃其他食物补充钙和蛋白质，比如豆制品（如南豆腐、北豆腐、豆腐干等）、绿叶蔬菜（如小油菜、西蓝花等）、芝麻酱、虾皮粉等。

2. 不爱吃蔬菜

挑食宝宝中不爱吃蔬菜的占比很大。有的宝宝不吃某一大类蔬菜，有的宝宝不吃有特殊味道的蔬菜，有的宝宝不吃某种蔬菜，还有的宝宝吃多少全看心情。面对这个问题，不妨试试下面的办法。

● **多接触蔬菜**

家长平时可以带宝宝一起去买菜，带宝宝认识蔬菜，加深宝宝对蔬菜的感情。回家后可以让宝宝做摘蔬菜叶子、掰蔬菜段的工作。玩"蔬果切切乐"玩具、认识仿真的蔬菜形象也会让宝宝爱上蔬菜。

● **把蔬菜"藏"起来**

如果宝宝不接受直接吃蔬菜，可以试着把蔬菜和其他食物混合起来提供，比如做成炒面、焖饭、菜肉粥、菜蛋饼，或将蔬菜调成馅料做饺子或者包子。如果细小的菜经常被宝宝无情揪出，不妨换成较大的菜块、菜条，让宝宝自己拿着吃。

● **做一些造型**

宝宝大都喜欢形状小巧、色彩鲜艳的食物，可以试着用模具将蔬菜（胡萝卜、黄瓜等）加工成不同形状。2岁后的宝宝会追求食物的完美和完整，把食物切小可能会让他们很伤心，可以给他们大一点儿的食物。

3. 不爱吃鸡蛋

鸡蛋的做法千变万化，煮荷包蛋、蛋花汤、炖蛋、煎蛋、炒鸡蛋、蛋饼、蛋液馒头、蛋饺都不错。可以多给宝宝尝试些新花样，或者用其他蛋（如鹌鹑蛋）来代替鸡蛋，换换口味。

4. 不爱吃肉

宝宝不爱吃肉的原因大多和肉的味道及做法有关，不妨试试下面的办法吧。

（1）混合打泥。刚开始添加辅食时，如果将蒸煮过的纯瘦肉打成泥，口感又干又柴，宝宝可能不太喜欢。如果和土豆、荸荠等含有淀粉的食材一起打泥口感就好多了。

（2）尝试成品肉泥。宝宝如果不爱吃自制的肉泥，可以试试成品辅食泥，口感会好一点。

（3）制作肉松。不喜欢吃肉的宝宝可以试试自制肉松或成品肉松。

（4）裹上淀粉。脂肪含量少的部位长时间烹调口感会发柴变干，宝宝咀嚼起来会很困难，比如里脊肉。可以用淀粉加水搅拌成淀粉浆，把切薄的肉片裹上一层淀粉浆后下水烫熟或者大火炒熟。

（5）搭配烹调。肉类和菌类一起烹调鲜味会更浓郁，和番茄等容易出汁的食材一起烹调容易隐藏住肉的味道，对于不喜欢肉味的宝宝来说很适合。

（6）做成炒肉。牛肉应该逆着纹理切，以便切断肉筋，保证嫩滑口感。猪肉和鸡肉应该斜着或顺着纹理切，保证炒制后肉丝完整。

5. 不爱吃主食

当宝宝不喜欢吃某种主食时，可以搭配其他食材或者用其他主食代替，比如米糊、粥、面、发酵面食、带馅面食等。

（1）不爱吃米糊。可以搭配略带甜味或酸味的食材。

（2）不爱吃粥。可以加入鲜虾、鱼肉、肉糜、蛋液等增加香味。

（3）不爱吃米饭。可以借助模具将米饭做成紫菜包饭、小饭团，做成米饭饼等。

（4）不爱吃面条。可以试试卡通造型的意大利面，很适合让宝宝自己抓握着吃。

（5）换成其他食材。燕麦、小米、红豆、紫薯、山药、玉米等都可以代替一部分精白米面。

绘本教育

除了改变进食和喂食习惯，用绘本引导也是不错的方法。关于婴幼儿吃饭的绘本都可以给宝宝读。

1. 《好饿的毛毛虫》

教育方向：少吃零食、多吃蔬菜、拒绝暴饮暴食、进食与成长

2. 《我爱吃蔬菜了》——宝宝好习惯养成系列

教育方向：参与食物制作、介绍食物、多吃蔬菜

3. 《午饭》——小熊宝宝系列

教育方向：分享食物、介绍食物、快乐进餐

4. 《吃饭》——好习惯绘本系列

教育方向：不挑食

5. 《吃饭》——小猪威比生活绘本系列

教育方向：饭前洗手、不挑食、用勺子吃饭、安静吃饭、不追喂、小口吃饭等吃饭礼仪

6. 《吃饭啦》——0～3岁幼儿生活情景系列

教育方向：提前通知、快乐进餐

7. 《考拉宝宝吃饭啦》——考拉宝宝系列

教育方向：快乐进餐

8. 《超级小厨师》——小巧手游戏书系列

教育方向：参与食物制作、介绍食物

9. 《美味的朋友》系列

教育方向：介绍食物

10. 《喝汤喽，擦一擦》——幼幼成长图画书

教育方向：快乐进餐

11. 《好喜欢吃蔬菜》——幼幼成长图画书系列

教育方向：介绍食物、多吃蔬菜

12. 《吴映蓉食育绘本》系列

教育方向：介绍食物、多吃蔬菜

13. 《我爱蔬菜》系列

教育方向：介绍食物、多吃蔬菜

第**6**节　二胎家庭这样吃

　　随着二胎政策放开，越来越多家庭迎来了新成员，也有一些父母正在计划着要二胎。为两个宝宝制作食物自然比一个宝宝麻烦得多，尤其当两个宝宝的饮食偏好不太相同时。

　　两个宝宝融洽相处是家长们都希望看到的，大宝照顾小宝，小宝崇拜大宝的场面会令你感到非常温馨。在进餐时，如果小宝有一个爱吃饭的哥哥或姐姐作为榜样，那他尝试新食物、学习吃手指食物、用勺子吃饭也许会更容易一些。可是实际生活中，协调两个宝宝在餐桌上的关系可能不是一件容易的事。对于曾经万千宠爱于一身的大宝宝来说，一个吸引了全家目光的小宝宝会令他备感压力。如果他不愿意与小宝宝分享家人的关注和关心，就可能对小宝宝表现出敌意。那么二胎家庭应该如何准备食物？如何在餐桌上协调两个宝宝之间的关系呢？

准备食物

　　给两个宝宝准备食物很容易手忙脚乱，这里有一些小技巧可以分享给你。

1. 提前规划主食

　　提前一天规划好第二天要吃的主食。主食是一餐的灵魂，定好了主食，再搭配其他食材就容易多了。如果主食是粥，可以搭配炒菜；主食是饼，可以搭配牛奶、米糊等；如果主食是煎饺、包子等自制面点，那么选择就更多了。

　　为了节约做饭的时间，最好将食材进行预处理。比如，第二天做粥可以提

前把米淘洗干净并预约好；如果做杂粮可以提前把杂粮浸泡好；如果做饼可以先把面糊调好放入冰箱冷藏；如果做饺子可以提前把饺子包好冷冻；如果做包子和发糕可以提前蒸好并冷冻；如果做蔬菜可以提前洗好切好……

2. 设计有食材重叠的食谱

给两个宝宝做饭，充分利用食材很重要。共用的食材越多，你的工作就会越轻松。不然一个孩子要五六种食材，另一个孩子又是不同的五六种食材，太花时间和精力了。

如果有时间，前一天晚上可以把第二天要做的食物规划好，把食谱写在便利贴上并贴在醒目的位置，第二天照着做就可以了。如果没空写，也要心中有数，这样第二天才能"临危不乱"。

3. 高效利用工具

多层煮蛋器、多层蒸锅、有搁架的电饭锅，是帮助你同时处理多种食材的好帮手。每种工具要充分使用，但是要避免重复使用某一种工具。比如，做饼的锅一会儿还要用来炒菜，这个锅要被重复利用一次，也就意味着完成早餐的时间会增加。高效利用工具的核心就是：尽量同时利用多种厨具。

4. 分清主次先后

不同食物的烹调时间不同。可以把烹调时间长的食物先做上，再做那些烹调时间短的食物，高效利用时间。

另外，可以根据宝宝的年龄和状态来决定做什么。在宝宝特别黏人的时候，尽量减少烹调时间短的食物，以免宝宝一闹就全盘打乱了你的计划，一锅蒸、一锅煮是我比较喜欢的方式。等宝宝大一些，可以多准备一些食材做"大杂炒"，油炒食物香气更浓，做起来也比较快。

博取关注的宝宝

二胎家庭中，当大宝觉察到自己不再是"众星捧月"，可能会想办法博取父母的关注，他们索取的关注没有好坏之分，他们认为即使被骂一顿，也比不被理睬强。而一般家庭会觉得小宝比较弱小，应该给予他更多的照护，而大宝大了，应该懂得谦让。如果小宝发现自己总是得到更多照顾，便会肆无忌惮地以"欺负"大宝为乐。

如果要平衡两个宝宝在餐桌上的关系，那就不要只夸一个宝宝。如果两个宝宝平时就和谐相处，餐桌上自然会互相学习、共同进步。平时多让大宝照顾小宝，比如为小宝戴围兜、冲米糊、分食物、拿勺子，让他知道自己是家长的得力助手，这会让他感到自己与众不同并且受到肯定。要注意大宝应该在大人的看护下行动，以免有意或无意伤害到小宝。如果大宝总干扰小宝吃饭，或许你要考虑将他们吃饭的时间暂时错开。

让我们一起来看两个案例。

案例一：求关注的哥哥

男宝宝，2周岁，是家中的大宝，数月前一直是教科书式宝宝，但最近一段时间什么都不肯吃，除非用玩具、iPad吸引才能吃一些。大宝平时非常黏妈妈，一见妈妈去照顾小妹妹就会哭闹。妈妈在忙家务时一定要妈妈抱着，吃饭时也一直抓着妈妈的手说个不停。

◎ **原因分析**

大宝敏感地意识到妹妹要和自己"分享"妈妈的爱了。在2岁这个最不愿意与人分享的年纪里，大宝用尽一切办法想要留住妈妈的关注。他很聪明地发现，妈妈在妹妹哭泣时总会过去陪伴她，喂妹妹吃饭。他也如法炮制，平时黏着妈妈，当妈妈离开他时就哭闹，让妈妈没空去照顾妹妹；在餐桌上他也故意不好好吃饭，让妈妈喂，一直和妈妈聊天。一旦大宝得不到回应，他就会情绪崩溃。

◎ **应对办法和结果反馈**

我建议妈妈将两个宝宝吃饭的时间错开，收走所有的干扰物。餐桌只留给爸爸、妈妈和大宝。当大宝需要喂饭时，妈妈及时满足他，同时鼓励他像从前那样展现大孩子的能力——自己用勺子吃东西，并给予他肯定（如击掌、竖起大拇指）。

随着进餐时被关注、被肯定，以及妈妈给予的充足的"私人陪伴时间"，大宝进餐时的不良情绪和捣乱行为逐渐减少了，一星期后他已经能独立吃完一顿饭了，也接受了很多从前不喜欢吃的食物，进食量大大增加。大宝也逐渐学会了照顾妹妹，和她一起玩耍。

案例二：求关注的妹妹

女宝宝，1岁半，吃饭不专心，一直说话。一顿饭下来只能吃很少的食物，体重曲线也下滑了。

● 原因分析

这个宝宝语言发育得早，1岁半已经能唱好几首儿歌了。家里还有一个姐姐，妈妈每天接送姐姐上下学，妹妹觉得妈妈对自己的关注度不够，于是在吃饭的时候用各种方法来博"关注"，比如故意扔食物、不停说话……

● 应对办法和结果反馈

我建议妈妈全程关注宝宝并陪宝宝吃饭，同时和宝宝进行游戏式的互动，在宝宝拿着华夫饼时说："饼到你啊呜啊呜的大嘴巴里啦！"在宝宝舀粥的时候说："勺子列车要开到你嘴里啦！"

"全程陪吃"策略适用于那些故意引大人关注的宝宝，当宝宝觉得自己受到了重视、得到了肯定时，妈妈就可以更换策略，回归到正常的家庭进餐模式了。此时宝宝也不会再喋喋不休地要求陪吃和陪聊了。

第 8 章

宝宝的特殊饮食

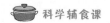

第 **1** 节

便秘

随着宝宝月龄的增长，饮食结构发生变化，肠道对水分的吸收能力逐渐增强，宝宝的大便也从一开始的糊状变得干燥成型，1岁左右时基本就是柔软光滑如香蕉一般的软便了。有时，便便水分含量很少，呈干燥的圆球或条状，带有裂纹，这就是便秘的信号。

便秘的原因

大约90%的婴幼儿便秘是功能性便秘，一般是饮食不当、心理因素以及排便习惯等导致的，饮食不当是最主要的原因。

1. 过敏

有些宝宝因为个人体质原因，吃了某些引起过敏的食物，就会发生便秘。添加新的食材后一定要多观察宝宝的大便，如果大便干结，要及时排查可疑食材，否则食材越加越多，再排查就困难了。

2. 膳食纤维不足

刚添加辅食的宝宝由于添加的食材种类较少，膳食纤维摄入不足，很容易发生大便干燥。建议在每餐中安排一些蔬菜或水果，或在宝宝适应大米米粉后尝试多谷物米粉。如果宝宝1岁以后还是经常便秘，可能需要调整宝宝的饮食结构，多提供富含膳食纤维的食物。膳食纤维分可溶性和不溶性两种。可溶性的膳食纤维主要存在于豆类、水果、燕麦里，不溶性的膳食纤维主要存在于全谷类、蔬菜类和一些坚果里，这些富含膳食纤维的食物应该交替添加在宝宝的食物中。

表8.1 每100g常见食物的可食用部分可提供的膳食纤维

食物名	膳食纤维/g	食物名	膳食纤维/g	食物名	膳食纤维/g
干香菇	31.6	玉米面	5.6	芹菜叶	2.2
干木耳	29.9	黑芝麻	14.0	小麦粉	2.3
紫菜	21.6	豌豆	10.4	荞麦	6.5
口蘑	17.2	玉米	2.9	绿豆	6.4
燕麦	5.3	樱桃	7.9	小麦胚芽	5.6
毛豆	4.0	梨子	5.1	苹果	4.9
猕猴桃	2.6	黑米	3.9	秋葵	3.9
苋菜	2.2	豇豆	2.3	平菇	2.3

3. 蛋白质和钙摄入过多

爱吃肉、蛋、奶的宝宝更容易发生便秘，提供富含蛋白质的食物和补钙都要适量。

4. 进食量过少

当宝宝因为生病、长牙等特殊原因导致一段时间进食量偏小，那么食物残渣要积累很长时间才能形成便便，产生便意。其间食物残渣中的水分被重新吸收，便便也会变得很干燥。

5. 环境改变

逢年过节走亲戚、旅游、上幼儿园等环境变化时，可能会让宝宝情绪紧张，也会引发便秘。

6. 习惯性便秘

如果宝宝曾有过多次排便疼痛的经历，那他感受到便意时就会憋便。大便在体内滞留，其中的水分被重新吸收，就会导致便秘。肛肠疾病也会导致便秘。如果宝宝饮食均衡，进食量正常，无其他不良反应，精神状态良好，可能是病变引起的便秘，应及时寻求医生的帮助。

这些食材并不通便

1. 香蕉

香蕉润滑的质感并不等同于其有通便的作用。香蕉本身的膳食纤维含量不高，食用生涩的香蕉反而可能加重便秘。

2. 蜂蜜

蜂蜜的主要成分是糖，并没有通便的作用。如果吃了蜂蜜以后排便顺畅或者发生腹泻，可能是对其中的糖类不耐受。1岁以下的宝宝不宜食用蜂蜜。

3. 酸奶

酸奶里确实含有一些益生菌，但经过层层消化，最后到达肠道能发挥作用的益生菌微乎其微，喝一两天的酸奶就想改善便秘不太现实。如果宝宝喝了酸奶后便秘情况有所好转，可能是因为宝宝不习惯吃凉的食物。

4. 口感粗糙的蔬菜

口感粗糙的蔬菜并不能说明其中的膳食纤维更丰富，不需要故意把菜弄得很大很粗，符合宝宝的咀嚼能力即可。过滤后的菜汁中膳食纤维含量很低，喝这种菜汁起不到补充膳食纤维的作用。

缓解便秘的食谱

燕麦西蓝花蛋饼

燕麦片含有丰富的膳食纤维，很适合大便干燥的宝宝，燕麦片除了煮粥还可以用来做饼，让宝宝自己抓着吃。

食材准备及具体制作步骤请扫描二维码阅读

肉松海苔黑米饭团

肉松和海苔可以增加饭团的鲜美程度，捏成圆圆的球形也适合宝宝抓握着吃。

食材准备及具体制作步骤请扫描二维码阅读

食材准备及具体制作步骤请扫描二维码阅读

三文鱼麦胚二米粥

小麦胚芽营养丰富，富含维生素E、B族维生素以及蛋白质，营养价值很高。煮粥、蒸饭、做饼时适量加入一些小麦胚芽，不仅有利于缓解便秘，也适合生病的宝宝补充营养。

食材准备及具体制作步骤请扫描二维码阅读

紫薯松饼

紫薯富含蛋白质、维生素、膳食纤维等营养素，有助于肠道蠕动，预防便秘。加入奶液和紫薯的松饼具有奶香和微甜的口感，蓬松的小饼也适合宝宝锻炼抓握和咀嚼能力。

食材准备及具体制作步骤请扫描二维码阅读

香菇鸡肉小方糕

香菇富含B族维生素、铁、钾等，是高蛋白低脂的营养食品。香菇搭配鸡肉，会让食物更加美味，不爱吃肉的宝宝看到可爱的小方糕都会跃跃欲试了。可以一次多做些放入冰箱冷冻，吃时取出加热一下。

食材准备及具体制作步骤请扫描二维码阅读

核桃杂粮豆粥

加入核桃的杂粮豆粥口感细腻微甜，很适合给便秘的宝宝补充膳食纤维。豆子结构致密，想煮软需要提前浸泡，每次少量食用，以免胀气。

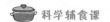

第**2**节 腹泻

说完便秘，我们再来看看宝宝腹泻的护理吧。宝宝腹泻的原因有很多，及时化验新鲜的大便能帮助你更准确地判断原因。宝宝腹泻通常需要3～7天才能恢复，这期间是对饮食安排和家长心理的极大考验。

腹泻的原因

1. 病毒感染

秋冬季节婴儿因感染轮状病毒而导致的腹泻，称为轮状病毒肠炎。诺如病毒感染好发于冬春两季，症状以呕吐为主，也可能伴随腹泻。当宝宝大便形态出现蛋花样、水样、稀糊状时，最好及时进行化验。

2. 卫生原因

如果宝宝经常发生季节性腹泻，比如春夏季经常腹泻，很可能是不注意饮食卫生导致的。春夏季是微生物繁殖最快的时期，不注意卫生很容易引起腹泻甚至中毒。新鲜的食物要注意保存，也要注意充分烹熟。做好的食物室温下放置超过2小时就不要给宝宝吃了。如果要留到下一餐，食物做好以后要把剩余部分立即放入冰箱。

3. 食物不耐受

食物不耐受与进食量密切相关。如果发现某种食物宝宝少量吃没事儿，吃多了大便会变稀甚至腹泻，就要考虑是食物不耐受了。

4. 食物过敏

食物过敏与吃多吃少没关系，只要吃了某种食物就会发生腹泻，同时还会出现皮疹、呕吐等现象，但是一旦不吃就会好转。

5. 消化不良

当宝宝吃了较多的高蛋白、高脂肪或高糖食物，或在短时间内吃了过多的食物，就可能引起消化不良性的腹泻。

6. 服用抗生素

抗生素在杀灭有害菌的同时也会损害有益菌，令肠道菌群失衡，给病毒大量复制创造条件，加重腹泻。给宝宝服用抗生素前应该咨询医生。

腹泻时的护理

1. 补充水分

腹泻会使体内的水分和电解质流失，造成不同程度的脱水，所以要注意给宝宝补充水分。科学配比的口服补液盐能减少宝宝发生腹泻和呕吐的次数。此外，母乳、没有稀释过的奶粉或牛奶也可以少量多次地给宝宝食用。果汁、汽水、甜饮料等不宜给宝宝食用，可能会加重宝宝的脱水。

2. 补锌

医生可能会根据宝宝月龄和腹泻的情况建议每日补锌10~20mg，有研究表明补锌可以缩短腹泻的时间。

3. 警惕继发性乳糖不耐受

如果发现喝奶会加重宝宝腹泻，或者腹泻长时间无好转迹象，要警惕继发性乳糖不耐受的发生。应该尽快带宝宝去医院检查，看看是否需要转为无乳糖奶或者服用乳糖酶。

4. 尽量维持正常饮食

腹泻次数过多不仅会引起脱水和电解质紊乱，还会加速营养素的损耗，所以要注意营养补充。如果宝宝腹泻不太严重，精神状态和食欲良好，为宝宝提供营养丰富且易于消化的食物有助于修复肠道。如果医生没有特别叮嘱需要禁

食，不要随意将宝宝的饮食替换成白粥、稀米汤等"病号餐"，尽量维持正常饮食。在宝宝腹泻期间，柔软的主食、新鲜的蔬果、蛋鱼虾和奶类都可以吃。注意避开带小籽儿的水果（如火龙果）、过于粗糙的粮食和容易胀气的食物（如菜花、洋葱、豆类等）。所有食物都应该在原来的基础上做得更软、更细碎一些。

5. 预防红屁股

宝宝频繁排便可能会使肛门和外生殖器周围发红甚至破损，继而引起感染。宝宝每次大便后可以用温水洗干净，擦干后涂上护臀膏。

6. 呕吐后护理

注意不要让宝宝在呕吐后的1小时内进食，12小时内应该避免食用较干燥的固体食物，全天采用少量多餐的方式进食以减轻胃部反应。如果宝宝后续出现发热，呕吐物带褐色、红色或绿色，尿量明显变少，精神状态不佳或有其他不适症状时，要及时就医。

腹泻护理的食谱

果粒藕粉羹

藕粉带有天然的透明色泽，加上水果粒的酸甜口感，可以帮助生病的宝宝提高食欲。注意不要用速溶冲泡型藕粉。

食材准备及具体制作步骤请扫描二维码阅读

番茄三文鱼粒粒面

番茄三文鱼粒粒面不仅是一道富含维生素、优质蛋白质的主食，番茄的酸甜、紫菜和三文鱼的鲜美也使汤面别有一番滋味。生病的宝宝也能很好地咀嚼和消化细小的粒粒面。

食材准备及具体制作步骤请扫描二维码阅读

香蕉松饼

经典的甜味松饼，即使不打发鸡蛋也能蓬松有弹性，很适合新手妈妈来操作。

食材准备及具体制作步骤请扫描二维码阅读

蛋花南瓜面疙瘩汤

一碗微甜的南瓜面疙瘩，搭配柔软的蛋花，不仅营养均衡，更是好消化的食物。

食材准备及具体制作步骤请扫描二维码阅读

土豆虾丸浓汤

宝宝腹泻时钾流失较多，薯类是很好的补钾食物。加入了虾丸和土豆的浓汤，美味又营养。

食材准备及具体制作步骤请扫描二维码阅读

油菜鳕鱼二米粥

宝宝生病时很适合吃一些软糯的粥类，再搭配新鲜的蔬菜和好消化的肉类，既能补充营养又能增进食欲。

食材准备及具体制作步骤请扫描二维码阅读

红枣发糕

将甜蜜的红枣加到发糕里，就是香甜柔软的手指食物了。发酵面食营养丰富，无论正餐还是加餐提供，都很合适。

食材准备及具体制作步骤请扫描二维码阅读

第3节　感冒

感冒也叫急性上呼吸道感染，是婴幼儿常见疾病，一年四季都可发病。大部分感冒是病毒性的，没有直接预防和治疗的措施；也有部分感冒会继发细菌感染，可能需要在医生的指导下进行药物治疗。感冒可能伴有多种症状，如咳嗽、发热、鼻塞等，会影响宝宝吃饭的情绪。这一节我们讲一讲宝宝感冒时的家庭饮食。

常见饮食误区

1. 发热不能吃鸡蛋

常听人说生病时吃鸡蛋会使身体发热、病情加重，这是谣言。由于食物的热效应，我们吃了富含蛋白质的食物后，体温确实会有小幅度的上升，但上升的幅度很有限，且会自行恢复。另外，鸡蛋营养丰富，蛋白质的利用率很高，烹调方法多样，很适合宝宝生病时补充营养。

2. 咳嗽不能吃发物

很多人认为在咳嗽时不能吃鱼虾等发物，会加重病情，这种说法是不对的。鱼虾类食物之所以被称为"发物"，是因为它们引起过敏的概率较高，食用之后容易皮肤发痒、腹泻、起疹子等。每个人对食物的接受度是不同的，如果宝宝平时吃这些食物没有不良反应，那么在咳嗽时吃也是安全的。鱼虾的肉质细腻，又带有天然的鲜味，是宝宝生病时较好的蛋白质来源。

3. 没胃口就吃点零食

宝宝生病时食欲减退是正常的生理现象，如果强迫宝宝吃东西或给予过多高油高糖的零食，反而容易使宝宝消化困难，病好后无法恢复胃口。

4. 生病时只喝奶

有的家长认为宝宝生病了只喝奶就可以了，要靠减少进食让身体"休养"，这种做法是不可取的。宝宝生病期间基础代谢率增加，需要比平时更多的营养，宝宝才能有足够的力量与疾病抗争。就好比两军酣战时后方不支援粮草，怎么能打胜仗呢？生病期间不要添加新食物，已经添加过的食物可以照常提供。

感冒的家庭护理

1. 补充水分

宝宝生病期间丢失的水分比平常更多，需要让宝宝多摄入奶类、白开水或者其他富含水分的食物。水分不仅能增加口腔、鼻腔的湿润度，还能将代谢的废物排出体外。

2. 咳嗽引起的呕吐

见到宝宝呕吐时不要惊慌，否则受到惊吓的宝宝可能更抗拒进食。可以将平时的食物少量多次提供，减轻进食的压力。咳嗽能排出呼吸道内的痰液和异物，本身并不是坏事，所以听到宝宝咳嗽不要急于"止咳"。等到身体把病菌消灭、炎症消除后，咳嗽自然会停止。大部分号称能缓解咳嗽的食物如冰糖雪梨、盐蒸橙子等都没有很明显的效果，《美国儿科学会育儿百科》建议宝宝每次咳嗽时喝5~15mL苹果汁，1岁以上的宝宝可以吃2~5mL蜂蜜。

3. 清理鼻腔

鼻涕多、鼻塞会严重影响宝宝的进食情绪。可以在进餐和睡觉前给宝宝用海盐水喷鼻，清理鼻腔。

4. 饮食安排

宝宝在感冒期间适合吃清淡的食物，柔软好消化的粥、面、羹等都很合适。食物较平时要处理得更小更软，要避免大块食物刺激咽喉引起咳嗽和呕吐。

感冒护理的食谱[1]

双莓松饼

加入蓝莓和草莓的松饼口感酸甜，适合给生病的宝宝增加食欲。给小月龄宝宝吃的松饼可以用配方奶或水代替牛奶制作。

食材准备及具体制作步骤请扫描二维码阅读

玉米鸡肉肠

平时不爱吃肉的宝宝可以试试手指食物肉肠，能增强宝宝的进食兴趣。可以多做一些肉肠冷冻保存。

食材准备及具体制作步骤请扫描二维码阅读

鱼肉小馄饨

宝宝生病没胃口时可以吃一些柔软的小馄饨，肉馅和蔬菜混合既营养又好消化。

食材准备及具体制作步骤请扫描二维码阅读

香菇生菜蛋花粥

宝宝生病没胃口时，一碗温热香滑的蔬菜蛋花粥可以快速补充营养和体力。如果宝宝不愿意被喂，也可以打成糊让宝宝自己喝。

食材准备及具体制作步骤请扫描二维码阅读

1　注：本节食谱由"晴天妈妈"提供。

食材准备及具体制作步骤请扫描二维码阅读

牛奶布丁

奶香十足的布丁很适合在宝宝生病时提供，可以增加食欲。如果宝宝喜欢，也可以冷藏一下再吃。

食材准备及具体制作步骤请扫描二维码阅读

虾仁蝴蝶汤面

加入番茄和虾的蝴蝶面既有虾仁的鲜味，又有番茄酸甜的口感，味道好极了，很适合生病的宝宝食用。

食材准备及具体制作步骤请扫描二维码阅读

银耳红枣粥

宝宝感冒时可以试试银耳红枣粥，红枣的香甜加上银耳的软糯，口感很不错，加入燕麦片后营养价值就更高了。

食材准备及具体制作步骤请扫描二维码阅读

彩色蛋卷

多种颜色搭配的蛋卷可以让宝宝眼前一亮，增加食欲。

第**4**节 过敏

过敏的原因

食物过敏是宝宝的免疫系统对食物中某些成分（主要是蛋白质）的非正常防御性反应。宝宝的消化功能发育尚不完善，大分子的蛋白质有时无法被彻底分解，而肠道的通透性强，犹如一扇有着裂缝和小洞的大门。有些蛋白质会穿过肠道"跑"到血液中，被执勤的"卫士"视为是"敌人"进行攻击，这就产生一系列的过敏症状。

过敏带有一定遗传倾向。如果家族中有人是过敏体质，宝宝发生食物过敏的概率会更高。

研究证实，过早添加辅食会增加食物过敏的风险；但推迟添加易过敏的食物，如鸡蛋、鱼、坚果、豆类、小麦、海鲜等，并不能帮助婴幼儿避免过敏，还可能增加食物过敏的风险。所以，按照正常频率添加新食物并观察添加后的反应，是最适合过敏宝宝的辅食添加方式。

食物过敏如何判断？

荨麻疹、面部红肿、湿疹加重、呕吐、腹泻、腹痛、便秘、肛周发红、哮喘、呼吸困难等症状都可能是食物过敏的表现。有些症状在进食几分钟至几小时就会发生，也有一些症状两三天后才会发生。为宝宝添加新食材后，一定要注意观察宝宝是否出现以上过敏反应。

常规的过敏原检测方法有皮肤点刺试验和血清免疫球蛋白检测，但这两种方法并不能预知和确认宝宝对哪种食物过敏，还需要结合家族过敏史、喂养史等综合判断。

食物代替

如果宝宝确实对某些食物过敏，不要担心他会因此营养不良，没有哪种食材是不能被替代的，他依然能从其他食物中获得生长发育所需要的营养。一定要找出宝宝对哪种食物过敏，不要因为一种食材而回避一大类食材。比如宝宝对猪肉过敏，不吃猪肉就可以了，其他肉类仍然可以尝试添加并观察宝宝的反应，虽然它们也有可能引起过敏。

表8.2列出了常见的引起过敏的食物，应该回避的食物以及可以吃的能提供类似营养的替代食物。

表8.2 常见的过敏食物和替代食物

过敏食物	应该回避的食物	可以吃的替代食物
大米	大米制成的食品，如大米粥、大米饭等	面粉制作的面食（面条、面糊、面疙瘩、发糕）、小米、燕麦、绿豆、红豆、紫薯、红薯、玉米等
小麦	小麦制成的食品，如面条、包子、蛋糕、吐司、小麦酿造的酱油等	大米、小米、绿豆、红豆、红薯、紫薯、玉米等，无麸质的玉米面、黑米面、荞麦面等
鸡蛋	添加了鸡蛋的食品，如添加了鸡蛋的米粉、鸡蛋豆腐、鸡蛋面条等	猪肉、牛肉、鸡肉、鸭肉、鱼类、虾类、贝壳类、豆制品等
海鲜	海鲜制品如鱼丸、虾滑、海米等	猪肉、牛肉、鸡肉、鸭肉、豆制品等，需要适量补充DHA
红肉	猪肉、牛肉、肉松、成品肉泥、肉肠等	鸡肉、鸭肉、鱼类、虾类、贝类、豆制品等
花生	花生、含有花生的芝麻酱、生产线上做过花生制品的其他产品	
牛奶	含有牛奶的食品，如普通配方奶粉、纯牛奶、鲜牛奶、酸奶、奶酪、冰淇淋等。注意看配料表是否有牛奶成分。	母乳、特殊医学用途的深度水解奶粉或氨基酸奶粉

母乳喂养的宝宝如果对某类食物过敏，妈妈可能也需要暂时回避这些食物。

第**5**节 口腔疱疹和口腔溃疡

口腔中出现疱疹和溃疡，咀嚼吞咽食物时会碰触创面，产生疼痛感，让宝宝不想吃东西。这一节我们了解一下疱疹和溃疡的饮食和护理。

疱疹和溃疡出现的原因

疱疹通常是由病毒感染引起的，肠道病毒引起的手足口病和咽峡炎，都会让口腔中出现疱疹。当宝宝受到病毒感染时，手脚、臀部、口腔都会出现疱疹，还会出现发热、流涕、喉咙疼、精神萎靡、不想吃东西等表现，情况严重时需要及时就医。

口腔溃疡是普通的口腔黏膜病症，病毒、细菌、营养素缺乏、免疫力低下、摔倒磕碰等都可能会导致口腔溃疡。如果宝宝经常发生口腔溃疡，首先要排查是否长期食用了导致过敏的食材。其次，饮食要注意补充铁、锌、维生素B_2、维生素B_{12}、叶酸等营养素，增强营养，提高免疫力。

家庭护理

（1）平时注意多吃深绿色蔬菜，适量增加主食中粗杂粮的比例，适量补充动物内脏。尽量不要给宝宝吃烘焙食品和袋包装零食。注意营造和谐的家庭氛围，避免宝宝情绪波动。

（2）发生口腔疱疹时要注意勤给宝宝洗手，宝宝所用的碗勺、奶瓶、毛巾等物品都要及时消毒。在疾病暴发期尽量不要到人流密集的场所玩耍。

（3）饮食宜清淡、可口、易消化，避免过咸、过酸、辛辣等刺激性较强的食物，最好食用软烂的流质或半流质食物。吃柔软的食物需要的咀嚼次数少，可以有效减轻食物在口中碰触创面而引发疼痛。

（4）流质或半流质的软烂食物水分含量较多，干物质含量相对不足，所以食物原料尽量选择根茎类、薯类、豆类等营养密度高的食材。

（5）冷食可以缓解宝宝口腔的疼痛感，宝宝肠胃适应的情况下可以让宝宝吃一些冰镇食物如冰镇绿豆汤等。

口腔疱疹和口腔溃疡护理的食谱

食材准备及具体制作步骤请扫描二维码阅读

自制酸奶

自制酸奶成本低，可以控制糖的添加量，还可以增强宝宝的食欲，缓解口腔的疼痛感。自制酸奶还可以和其他食材如水果混合制作辅食。

食材准备及具体制作步骤请扫描二维码阅读

香梨黑芝麻藕粉羹

当宝宝生病没胃口时，一碗香浓顺滑又带有水果甜味的藕粉羹可以增加宝宝的食欲，为宝宝补充营养。

食材准备及具体制作步骤请扫描二维码阅读

蛋花豆腐羹

滑嫩的内酯豆腐配上干贝、虾皮的鲜味，既丝滑柔软又营养全面，没胃口的宝宝也能吃上一碗。

蔬菜蛋黄米糊

宝宝在生病、长牙时都适合吃蔬菜蛋黄米糊。蔬菜和鸡蛋混合，既保证了维生素，又保证了蛋白质的摄入，快速又百搭。不同颜色的食材也可以调配出多彩的米糊。

食材准备及具体制作步骤请扫描二维码阅读

冰镇水果奶饮

炎热夏天来一份冰镇的水果奶饮，奶和水果混合的香甜口感可以让宝宝多喝一些奶。

食材准备及具体制作步骤请扫描二维码阅读

紫薯凉糕

凉爽微甜又软糯的凉糕很适合天热时作为宝宝的加餐点心。切成小块让宝宝自己拿着吃可以让宝宝兴趣大增。

食材准备及具体制作步骤请扫描二维码阅读

南瓜玉米糊

宝宝生病没有胃口时，香甜软糯的玉米糊不仅令宝宝胃口大开，还能为宝宝补充能量。如果宝宝喜欢，还可以在里面搭配有甜味的香蕉、红薯等食材。

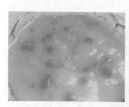

食材准备及具体制作步骤请扫描二维码阅读

奶香双色球

奶香双色球中含有牛奶、土豆、胡萝卜，其中的薯类可以作为主食补充能量，有利于维持体力，胡萝卜可以补充维生素。

食材准备及具体制作步骤请扫描二维码阅读

缺铁性贫血

据报道，我国0～6岁的儿童发生缺铁性贫血的概率高达20%。缺铁性贫血会影响宝宝的智力发育、免疫力水平和食欲。贫血严重时，宝宝会脸色苍白或者发黄、指甲苍白少血色、下眼睑和嘴唇的颜色都很淡、精神状态不好、睡觉质量差、食欲不佳、情绪波动大、易烦躁、爱哭闹且难以安抚、身高体重增长较缓慢……积极预防和治疗缺铁性贫血对宝宝健康成长和发育非常重要。

影响缺铁性贫血的因素

1. 孕期储备

孕晚期是宝宝储备铁的关键时期，宝宝出生得越早越有可能铁储备不足，早产宝宝一般需要预防性补铁。如果孕妈妈患缺铁性贫血，也会增加宝宝患贫血的概率。

2. 奶类喂养形式

母乳中的铁吸收率较高，但含量较低。相比于母乳，奶粉中的铁含量较高。要注意，钙摄入过多也会影响铁的吸收。

3. 生长速度

如果宝宝比同龄人长得快，意味着血容量增加更多，对铁的需求也更高。当宝宝从食物中摄取的铁元素不足以满足身体的需求时，也会发生缺铁性贫血。

4. 辅食添加

辅食添加得太晚、富含铁的食物添加得太晚，都很容易导致缺铁性贫血的

发生。

5. 进餐习惯

吃饭时间太长、吃饭不专心、正餐之间吃太多零食、挑食偏食严重也会导致饮食不均衡，进而导致缺铁性贫血。

6. 疾病原因

宝宝的消化系统和免疫系统发育不成熟，就容易出现感冒、腹泻等问题。生病期间（一般3~7天或更长）胃口不好且进食量低也会影响铁的摄入。

补铁食品的好选择

如果宝宝缺铁或者已经患有缺铁性贫血，应该咨询医生制订补铁方案。铁剂是快速高效的补铁方法，也可以通过饮食补铁。

坊间流传用铁锅炒菜能补铁，吃各种红色的食物可以补血，殊不知用这些方法摄入的铁含量和吸收率都很低，并不是补充铁元素的好选择。最佳的天然补铁食物是动物肝脏、血块、红肉等，应该在辅食中尽早添加。富含铁的食物搭配富含维生素C的食物可以增加铁的吸收率，如搭配鲜枣、甜椒、西蓝花、菜薹、草莓、白菜、猕猴桃、橙子等。强化铁的食品如配方奶粉、婴儿配方米粉、婴儿配方面条也能为宝宝补充铁元素。

需要注意的是，宝宝的贫血并非都是缺铁性贫血或都需要补铁。在决定要为宝宝补铁之前，一定要先咨询医生。

改善贫血的食谱

番茄牛肉藕饼

不爱吃肉的宝宝可以试试这个小饼，有番茄酸甜的味道、莲藕香脆的口感，制作时加入淀粉会让口感更嫩。

食材准备及具体制作步骤请扫描二维码阅读

食材准备及具体制作步骤请扫描二维码阅读

猪肝蘑菇炖蛋

如果宝宝不喜欢直接吃猪肝，可以试试把猪肝加到鸡蛋里，炖蛋可以掩盖住猪肝的味道。

食材准备及具体制作步骤请扫描二维码阅读

鸭血白菜豆腐羹

患有缺铁性贫血的宝宝如果实在不接受肝脏的味道，可以试试动物的血块，搭配浓汤味道好极了，还可以加入宝宝喜欢的肉类一起烹调。

食材准备及具体制作步骤请扫描二维码阅读

宝宝午餐肉

可以将肉制作成方便抓握的手指食物鼓励宝宝自己吃。可以一次多做些冷冻保存，吃时拿出来加热也很方便。

食材准备及具体制作步骤请扫描二维码阅读

韭菜蛏子蛋炒饭

蛏子中的铁含量很高，适合给贫血的宝宝补充铁元素。蛏子、鸡蛋、韭菜搭配起来香气扑鼻且有嚼劲，非常适合咀嚼能力强的宝宝。

食材准备及具体制作步骤请扫描二维码阅读

生菜干贝花蛤粥

加入干贝和花蛤的粥味道十分鲜美，香菇又可以为食材提鲜，很适合给宝宝补充营养。

家常肉丸

这道菜是红肉和鸡肝的完美组合，很适合为患有缺铁性贫血的宝宝补铁，葱姜煮水可以去除鸡肝的腥味。可以一次多做些冷冻起来，吃时再取出加热。

食材准备及具体制作步骤请扫描二维码阅读

五彩鸡丁

家里可以常备一些超市购买的冷冻杂菜，比如豌豆、玉米粒等。在制作菜肴时不仅可以丰富菜肴的的颜色，鸡丁炒制也会使食材更入味，更吸引宝宝。

食材准备及具体制作步骤请扫描二维码阅读

第**7**节 生长缓慢

本书第1章提到，如果宝宝体型比同龄人瘦小，但体格数据在生长曲线的正常范围内且曲线走势稳定，说明其发育情况良好。本节针对的是宝宝身高、体重发育出现异常，生长曲线出现停滞甚至下滑的情况。

生长缓慢的原因

如果在一段时间内宝宝的体重没有明显的变化，或者生长曲线出现下滑，就要检查宝宝的饮食是否正常，是否摄入了足够的食物。

1. 食物量不够

随着宝宝月龄的增长，辅食提供的能量占全天总能量的比例越来越高，而奶类占比越来越低，妈妈提供足够的食物并且食材搭配合理才能满足宝宝一日的营养需求。有家长认为宝宝只要多吃奶类，不吃辅食也可以，这个想法是错误的，长此以往会影响宝宝身高体重的增长。

2. 辅食的能量密度不够

宝宝的胃容量小，可以容纳的食物有限，应该提高辅食的能量密度和营养密度，减少食物里过多的水分。可以将稀粥换成软米饭，纯米糊中加入肉末，制作辅食时加入植物油等。

3. 食物太粗糙

宝宝的进食能力是循序渐进发展的。如果给予宝宝的食物太大、太粗糙，不适合宝宝当前的进食能力，食物就无法被充分消化，可能会导致宝宝体重增

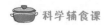

长缓慢。可以试试把食物处理得更细小些。

4. 疾病消耗

疾病会影响宝宝的体重增长，一般来说，宝宝在生病期间体重是下降的，但恢复后加强营养是可以逐渐恢复体重的。要注意日常护理，减少宝宝发生疾病的概率。如果宝宝近期没有生病，食物摄入情况良好却长期没有增加体重，要注意宝宝是否有慢性疾病，建议请医生做进一步的检查。

5. 过敏

引起宝宝过敏的食物应该严格回避一段时间。吃过敏的食物可能会引起消化道、呼吸道、皮肤的不良反应，不利于宝宝正常的生长发育。

促进生长的食谱

土豆牛肉面条饼

把蔬菜藏在饼里很适合挑食宝宝。如果宝宝吃腻了普通的煮面，可以换个花样给宝宝吃。

食材准备及具体制作步骤请扫描二维码阅读

鳕鱼海苔寿司卷

不喜欢吃米饭的宝宝可以试着在米饭中加入海苔和鳕鱼卷成寿司的模样让宝宝抓握着吃。形状小巧且混合了多种食材的饭团更受欢迎。

食材准备及具体制作步骤请扫描二维码阅读

胡萝卜玉米蒸鱼糕

不爱吃鱼的宝宝可以试试这个蒸鱼糕，可爱的卡通造型很适合让宝宝抓着吃。加入胡萝卜和玉米，也能减弱鱼的腥味。

食材准备及具体制作步骤请扫描二维码阅读

食材准备及具体制作步骤请扫描二维码阅读

迷你白菜牛肉水饺

自制水饺可以灵活包入各种馅料，有效避免宝宝挑食。一次多做些冷冻，吃时取出煮熟或蒸熟就可以作为宝宝的一顿餐食了。

食材准备及具体制作步骤请扫描二维码阅读

蔬菜鸡肉焗饭

如果吃惯了平淡无奇的白米饭和炒饭，可以试试搭配奶酪的做法，奶香味十足。

食材准备及具体制作步骤请扫描二维码阅读

豆腐虾仁蔬菜焖饭

对于只吃菜不吃饭或只吃饭不吃菜的宝宝，建议将所有食材混合提供。炒饭、焖饭、烩饭都是不错的选择。

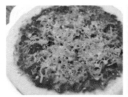

食材准备及具体制作步骤请扫描二维码阅读

宝宝小披萨

自制的小披萨不仅奶香十足，还融合了多种食材，非常适合在加餐或外出时携带，可以快速有效地为宝宝补充营养。

食材准备及具体制作步骤请扫描二维码阅读

番茄肉酱意面

番茄肉酱意面是一款很经典的意面，很适合让宝宝自己抓着吃。不爱吃主食的宝宝可以试试卡通意面。